U0186894

WORDS ON THE BODY

A Study on the Costume Culture of the Miao People in Suoga

穿在身上的文字

——梭戛苗族服饰文化研究

安丽哲 / 著

文化艺术出版社
Culture and Art Publishing House

图书在版编目（CIP）数据

穿在身上的文字：梭戛苗族服饰文化研究 / 安丽哲
著. — 北京：文化艺术出版社，2021.6
ISBN 978-7-5039-6457-2

Ⅰ.①穿… Ⅱ.①安… Ⅲ.①苗族—服饰文化—研究
—中国 Ⅳ.①TS941.742.816

中国版本图书馆CIP数据核字（2021）第102198号

穿在身上的文字
——梭戛苗族服饰文化研究

著　　者　安丽哲
责任编辑　丰雪飞
责任校对　董　斌
书籍设计　顾　紫
出版发行　文化艺术出版社
地　　址　北京市东城区东四八条52号　（100700）
网　　址　www.caaph.com
电子邮箱　s@caaph.com
电　　话　（010）84057666（总编室）　　84057667（办公室）
　　　　　　　　　　84057696—84057699（发行部）
传　　真　（010）84057660（总编室）　　84057670（办公室）
　　　　　　　　　　84057690（发行部）
经　　销　新华书店
印　　刷　国英印务有限公司
版　　次　2021年8月第1版
印　　次　2021年8月第1次印刷
开　　本　710毫米×1000毫米　1/16
印　　张　13.5
字　　数　180千字
书　　号　ISBN 978-7-5039-6457-2
定　　价　58.00元

序

　　从事苗族服饰文化的研究差不多是我走上艺术人类学之路的开端，当时本着费孝通先生所说的"解剖一只麻雀"研究方法，想对梭戛生态博物馆的苗族服饰进行一个详细的文化分析，这也是十多年前撰写我的第一本关于苗族服饰文化的著作的初衷。那本《符号·性别·遗产：苗族服饰的艺术人类学研究》除了对于梭戛苗族的族源历史结合现实的考据之外，将研究对象主要锁定为艺术本体与艺术主体两个部分。艺术本体部分的研究主要是对服饰构造变迁、刺绣与蜡染制作、纹饰的符号系统等方面进行梳理以及阐释；在艺术主体的部分则围绕服饰制作主体的仪式以及生活状态、与外界的交流状况、服饰制作主体因经济环境变迁带来的不同体会等方面展开。在针对第一手材料的分析中，主要运用的是功能主义的研究方法，探讨服饰的一些基本功能，例如审美功能、遮体保暖功能以及标识的功能等；从整体的视角对于生态环境、新媒体应用、游客来访等角度去探讨服饰文化的交融以及影响；对梭戛苗族的刺绣蜡染等工艺进行了记录与描述；用符号研究的方法对服饰纹样进行文化阐释；用总结与归纳的方法对民族服饰发展的一般规律进行总结。此外，那本书中还有一个重要的视角就是对女性的关照，我作为女性，此前从未注意到社会中性别分工与社会文化之间的关系。在对苗族服饰的制作主体——女性的长期近距离观察中，发现人们在社会分工的基础上会形成一种集体无意识的价值观，这种观念又极强地约束其在社会生活中的行为，而行为又构建了社会与文化。对于服饰制作主体的关照与反思也可以促进我们思考当前主流社会中社会机制中存在的问题。

　　本书是对此前研究工作的一个延续和阶段性总结，将前期初级田野的研究升级为综合性理论研究，从而超越基础资料性质的田野民族志。不过在当初的研究中，有两个部分至今仍是保有价值的，即关于服饰符号文化阐释部分以及对民族服饰发展一般规律的总结，所以这两个部分的基本原样保存在本书中。同时，本书也增加了两个新的重要的综合性研究，即服装配饰与人生阈限的关系探讨，以及传统服饰教育与文化传承的探讨。其中，服饰与人生阈限的探讨不再采用"解剖一只麻雀"的方法，而是用显微镜观看每个"细胞"，然后发现其与人生阶段的深层次关系问题。我想，这也属于结构功能论角度的研究吧。传统服饰教育与文化传承的探讨则结合了对于梭戛苗族古歌的破译，对于传统民族服饰的教育理念与教育方式进行了详细的探讨，并结合现代教育进行对比，提出了传统艺术教育的合理性与融合性。这两方面的研究都让我重新认识了民族服饰对人类社会以及人类文化发展的重要性。

关于视角与研究方法，本书也有了一些改变。在《符号·性别·遗产：苗族服饰的艺术人类学研究》中，由于之前不知服饰对于人类社会如此重要，民族服饰竟然可以承载一个民族的历史和文化，所以当时对梭戛苗族的研究更多是小心翼翼的细致探索。但是在本书中，我更多采用了历史的角度与深描性质的方法，把苗族服饰的发展变化放到中华民族历史中去思考，民族服饰的发展从来都不是单线的，必然是在一个大的历史环境中形成的。就像本尼迪克特·安德森所说的"民族是想象的共同体"，服饰同样是一个历史阶段的产物，有着产生、发展、衰退与消亡的过程。同时，在研究方法上，更多地采用了阐释人类学中深描的研究方法，并采用了结构－功能主义的研究方法，对于服饰与人类文化之间的关系进行了深层次的探讨。我想，我使用的研究方法或许"过时"，不过研究的过程和结论却是独创性的，也希望这些细致的探讨能够为本土性的民族艺术的研究提供一些参考。

这些陆续的"升级"工作用了大概10年的时间，到了这本书交稿的时候，由于水平有限，可能还有不少纰漏和不足，肯请专家与读者批评指正。

安丽哲

2021年7月于北京

目　录

绪　论

一、作为历史范畴的民族

在对民族服饰文化进行研究之前，需要对几个重要概念以及本文的研究对象有个解释。首先就是"民族"的概念，没有民族，自然也就没有民族服饰。民族的存在非常悠久，我国古代文献中有"种族""部落""部族""族类""种""族""种落"等，唯独没有将"民"和"族"联起来称呼这一人们共同体。[①] 用民族来称呼这一人类共同体始于近代。20世纪初，梁启超开始较多使用民族一词，并从日文翻译了19世纪德裔瑞士政治学家布伦奇里（Bluntschili, J.K., 1808—1881）关于民族的定义："民族者民俗沿革所生之结果也。民族最要之特质有八：（一）其始也同居于一地（非同居不能同族也，后此则或同一民族而分居各地或异族而杂处一地，此言其朔耳）；（二）其始也同一血统（久之则吸纳他族互相同化，则不同血统而同一民族者有之）；（三）同其肢体形状；（四）同其语言；（五）同其文字；（六）同其宗教；（七）同其风俗；（八）同其生计。有此八者，则不识不知之间，自与他族日相隔阂，造成一特别之团体，固有之性质，以

---

① 欧潮泉：《基础民族学：理论·人种·文化（修订本）》，民族出版社2007年版，第265页。

传诸其子孙，是之谓民族。"① 此定义是当时西方国家关于民族的理论原则。在此理论影响下，孙中山亦有类似定义，他说："我们研究许多不相同的人种，所以能结合成种种相同民族的道理，自然不能不归功于血统、生活、语言、宗教和风俗习惯这五种力。这五种力，是天然进化而成的，不是用武力征服得来的。"② 民国时期我国辞书关于"民族"一词的解释，基本上以孙中山说为准，如中华书局版《辞海》《中华百科辞典》，商务印书馆版《辞源》。民族五要素说成为新中国成立前我国学术界界定民族的依据。相比较而言，布氏定义是最全面详尽的，它不但包括了共同地域、共同血统、共同语言文字、共同文化习俗以及共同经济生活，而且认为，随着历史的发展，一个民族的人也有分居各地或与异族杂处的情况，原先属同一血统的人们与不同血统的人们组成一个民族。人类进入奴隶社会、封建社会，正是经历了这样的变化。布伦奇里的这一定义与国内外民族一词的含义相吻合，以及今天我们讲的民族，就是泛指不分社会发展阶段的具有以上特征的一切人们共同体，既包括具有同血统的部落族体，也包括不具有共同血统的各阶级社会中存在的族体。可见以前在不少译著中出现"人种""民族"相通，"人种""民族"不分的情况是有道理的。斯大林也提出了关于民族的定义："民族是人们在历史上形成的有共同语言、共同地域、共同经济生活以及表现于共同的民族文化特点上的共同心理素质这四个基本特征的稳定的共同体。"③ 今天，当我们研究布氏定义时，方知其理论对人类史的各种类型族体都具有普遍定义。我们以前信奉的理论依据与其说是斯氏定义不如说是布氏定义。根据我国民族情况，且为了说明这个问题，可将布氏定义归纳为如下要素：共同地域，共同经济生活，同一起源，共同语言，共同文化。④

---

① 林志钧编：《饮冰室合集（第5册）》，中华书局1936年版，第71—72页。
② 孙中山：《孙中山选集》，人民出版社1956年版，第620—621页。
③ ［苏］斯大林：《斯大林全集》（第十一卷），人民出版社1955年版，第286页。
④ 欧潮泉：《基础民族学：理论·人种·文化（修订本）》，民族出版社2007年版，第271页。

马克思和恩格斯两人的著作中虽然没有对民族概念做出明确的表述，但他们在揭示民族特征时，提到了语言、地域、共同历史、风俗习惯、生活方式、共同感情、民族意识、民族性格、生产条件等概念，尤其值得指出的是，他们提出了民族是一个历史范畴，民族作为历史事物，必然遵循形成、发展、消亡的规律的历史唯物主义的观点。[①]

二、作为历史范畴的民族服饰

"服饰"一词在我国先秦时期就已出现，《周礼·春官》里面提到："典瑞掌玉瑞、玉器之藏，辨其名物与其用事。设其服饰：王晋大圭，执镇圭，缫藉五采五就，以朝日。"[②] 这里的服饰指的就是服装与配饰。不过，目前服饰学界对于服饰的概念并不统一，主要分狭义与广义两种。狭义的服饰仅指服装以外的各种服装配件和饰品。广义的服饰一般泛指构成人体形象的所有外在部分，主要分为以下四类：第一是衣服，有主服、首服、足服等；第二是佩饰，指全身起装饰作用而不具有遮覆功能的饰品；第三是化妆，既指带有原始性的文身、割痕等，也指当今的美容；第四是随件，如包、伞、佩刀等。[③]

民族服饰是在一个民族中流行的具有本民族特点和固定风格的传统服装与配饰，是最能体现民族文化特色与情感内涵的服装与配饰。每个民族都有自己独特的服装，这是由于该民族所处的地域、气候环境、劳动方式和生活方式的影响以及民族内部长期的宗教信仰、文化习俗和制作工艺水平的发展等复杂因素而形成的。如蒙古族的长靴、袍子是当地人长期游牧生活和北方气候影响而形成的，傣族妇女的筒裙等则是适应南方的炎热和各种劳动生活环境而形成的，旗袍则是汉、满、蒙古族文化长期融合和我

① 孙振玉主编：《中国民族理论政策与民族发展》，民族出版社2012年版，第29页。
② （清）阮元校刻：《十三经注疏》，中华书局1980年版，第776页。
③ 徐晓慧：《六朝服饰研究》，山东人民出版社2014年版，第6页。

国人民审美意识的产物。民族服装是服装文化自然发展的阶段，随着现代纺织技术和服装工业的发展，民族服装在质料加工艺术上也有了相应的变化和发展。民族服饰是民族文化的载体，也是民族文化的外现。民族服装与民族一样，是一个历史范畴，有着产生、发展乃至消亡的过程。

三、民族服饰的突出代表 —— 苗族服饰

研究民族服饰，也需要有具体的案例以便进行详尽的分析，苗族是服饰文化非常发达的一个民族，并且由于分布区域甚广，类型众多，非常具有代表性。唐宋以前，曾有"三苗""南蛮""荆蛮""武陵蛮"等称呼。这些称呼把苗和其他族称混同在一起。宋以后，苗才从若干混称的"蛮"中脱离出来，作为单一的民族名称。历史上，曾按其服饰、居地等方面的不同，在"苗"字前面冠以不同的名称，1949年以后统称为苗族。

（一）苗族的迁徙史与"百苗"的形成

迁徙是苗族历史上的一个重要现象，因战争和政治等原因，苗族由北到南，由东到西，从国内到海外，经历了五次规模较大、范围较广的历史大迁徙，逐渐形成今天以贵州为中心而广泛分布于西南和中南各省山区的分布格局，对此，龙岳洲在《迁徙五千年　创业五千秋 —— 世界苗族迁徙史浅析》一文中有详细的考据。

苗族是一个坚韧不拔的民族，他们经过艰苦卓绝的创业，在条件恶劣的山区日益繁衍和发展起来。战乱不止给苗族人民带来巨大灾难，为避战祸，部分苗民艰苦跋涉西迁到自然条件更为险恶的武陵山区。秦灭楚后，苗族又大量向西向南迁逃。

翦伯赞在《中国史纲要》一书说，"至西汉之初，今日川黔湘鄂一带的山溪江谷间，已经布满了南蛮之族"。他们中的大部分沿澧水，溯沅江，进入武陵地区的五溪。发源于黔南云雾山，流经黔东南，至湖南黔城与潕

水汇合的清水江沿岸也布满了迁进开发、繁衍的苗族。沿巫水南迁的苗族，有的到了广西大苗山、三江等地，有的过海到了海南岛。这之后，苗族就以"武陵蛮""五溪蛮"的名称见诸文献。

秦汉时期，僻处武陵山区和五溪两岸的苗族，有一段休养生息的稳定发展时期，到西汉末年，"武陵蛮"已形成一股强大的势力而引起封建王朝的注意。《后汉书·南蛮传》云："光武中兴，武陵蛮夷特盛。"光武帝生怕苗族人威胁自己的统治，多次派兵进攻武陵蛮。自此及至唐宋时期，封建王朝不断地向"武陵蛮""五溪蛮"大举用兵。

据《资治通鉴》载，唐开元十二年（724）朝廷宦官杨思勖为黔中招讨使，"率兵六万往，执行璋，斩首三万级"。由于封建王朝不断征剿，迫使"武陵蛮"和"五溪蛮"再度西迁，或向更高、更险的深山、峡谷纵深隐居。有的沿着㵲阳河西上，迁至思州以及思南、印江、梵净山区；有的在湘西的腊尔山、黔东的松桃等地山坡、谷地定居；有的沿清水江西上到黔东南的地区定居；有的迁得更远，进入黔北、黔西、川南和云南、广西。分布越来越分散。

除以上几次大迁徙外，还有很多小迁徙，但宋代前后，绝大部分苗族人都先后到现在的居住地域定居。

元明清时期，由于封建朝廷对苗族人民的民族歧视与压迫更为深重，军事镇压也更为残酷。因此，又发生规模更大、范围更广的大迁徙运动。明清时期，苗族人民多次被迫起义，又多次被镇压与屠杀。每次起义失败，都导致背井离乡的结果。而今操中部方言的贵阳、安顺、黔西南等地的苗族，多是清雍乾年间，包利、红银领导黔东南苗民起义，遭到清政府残酷镇压后，由黔东南迁逃去的。清乾嘉年间，湘黔边的苗族首领石柳邓、石三保、吴八月等领导的苗民大起义，清廷前后用了十多年时间，调集了五个省十八万兵力，耗资近二千万银两，仅被义军打死都司以上及至总督的官员就有二百余人，付出极大的代价，才将这次起义镇压下去。然而，清廷却从此由盛转衰了。起义失败后，湘黔边的苗族有的逃入黔中、黔南，有的逃到今广西南丹等县，有的被俘押往北京，关入西山黑牢，筑城将他们围住，现北京四季青西山门头沟的苗族，就是这次起义被俘的义军后裔。张秀眉在黔东南领导的咸同大起义失败后，黔东南的苗族，有的迁到黔西南，有的经兴义赶入文山地区。越南学者研究认为，现定居在越南、老挝和泰国等东南亚国家的苗族，大多是在清代三次大起义失败后，先后从贵州远迁去的。清初，有80户苗族因反"改土归流"失败，举家迁进越南河江省同文县；乾嘉石柳邓、石三保和吴八月起义失败，贵州、云南和广西的苗族分两路迁入越南的同文县和老街省北河县；太平天国起义期间，又有1万多苗族从贵州、云南和广西迁入老街、河江、安沛等地。迁进老挝的苗族，据法国学者杨沫丁考察认为，迁进的时间是1810—1820年之间，1850年，他们已在琅勃拉邦扎住了根。有人认为当时由贵州、云南和广西迁去老挝的苗族有5万人之多。迁入泰国的苗族是19世纪末到20世纪初才由老挝经缅甸迁去的。

　　1975年前后，由于地区战争，老挝的部分苗族在战争中成了无家可归的难民。在泰国政府和联合国的帮助下，这批难民被输送到第三国。美国是接受苗族迁进最多的国家；法国、加拿大、澳大利亚、圭亚那、德国和阿根廷等国也接受了几百、几千或几万人。[①] 泰国清迈大学苗族知名学者布兰斯特·里布威查（Prasit Leepreecha）博士对苗族在世界各国的分布曾经做过如下统计：越南有787604人（2000），老挝有315465人（1998），美国有300000人（2001），泰国有153955人（2002），缅甸有25000人，法国有10000人（1997），澳大利亚有2000人，加拿大有600人（1998），阿根廷有500人（1998）。[②]

　　苗族史上的迁徙运动，历经数千年才基本结束。苗族这样长时间，大

---

① 贺宗俊主编：《苗学会资料集》，六盘水市苗学会资料集编委会1996年版，第143页。

② Prasit Leepreecha, *Kinship and Identity among Homong in Thailand*, Ph.D.Dissertation, University of Washington，2001，p.33. 转引自彭雪芳《从社会文化的视角分析泰国赫蒙人的社会性别关系》，《世界民族》2007年第5期，第28页。

幅度、大规模、远距离艰苦卓绝的迁徙，不仅在中华民族56个民族中是不多见的，就是在世界2000多个民族中也是极为罕见的。也由于这种大迁徙运动，对苗族的发展产生了极其深刻的影响。[1]澳大利亚著名的民族史学家格迪斯在《山地民族》一书上说："世界上有两个灾难深重而又顽强不屈的民族，他们就是中国的苗族和分散在世界各地的犹太族。"[2]

总之，从某种意义上讲，苗族的历史是一部不断迁徙的历史。特别是近几十年来，我国实行了民族区域自治，他们也过上了民族平等、安居乐业的生活。[3]

不过，由于不断的迁徙，生活环境的不断变异，苗族人民锻炼得特别能吃苦耐劳，特别富有创业精神，无论迁到再困难、再艰苦的地区，都能迅速适应，并能从实际出发开发当地的自然优势，迅速发展、繁荣起来。因此，苗族在迁徙不止的历史长河中为国家和民族经济、文化的开发、发展和繁荣作出了自己的贡献。

由于不断迁徙，苗族长期处于"创业—迁徙—创业"周而复始的运动中，客观上，延缓了苗族经济、文化的社会发展进程，使苗族的生产力长期处于低速度发展的落后状态。由于不断迁徙，苗族分布地域广阔，居住分散，久而久之，也就形成支系繁多的方言。由于没有统一的文字，致使苗族今天不能用统一的苗语演讲和交谈。[4]

---

[1] Prasit Leepreecha, *Kinship and Identity among Homong in Thailand*, Ph.D.Dissertation, University of Washington，2001，p.33. 转引自彭雪芳《从社会文化的视角分析泰国赫蒙人的社会性别关系》，《世界民族》2007年第5期，第28页。

[2] 转引自龙岳洲《迁徙五千年　创业五千秋——世界苗族迁徙史浅析》，载贺宗俊主编《苗学会资料集》，六盘水市苗学会资料集编委会1996年版，第138页。

[3] 黄强、唐冠军总主编，邓辉、邓小艳本卷编著：《民风族韵——长江流域的民族与融合》，长江出版社2014年版，第196页。

[4] 龙岳洲：《迁徙五千年　创业五千秋——世界苗族迁徙史浅析》，载贺宗俊主编《苗学会资料集》，六盘水市苗学会资料集编委会1996年版，第138—145页。

（二）以服饰命名的苗族支系

正由于以上的历史原因，苗族的服饰形成了纷繁多彩的服装样式。据估计，全国苗族成年女性的服装款式已超过150种，这在国内少数民族中是十分罕见的。中国55个少数民族人口规模差异较大。2010年各少数民族中，壮族、回族、满族和维吾尔族的人口均在1000万以上，合计4797万人，占少数民族总人口的43.09%；人口在500万—1000万之间的少数民族有5个，合计3875.83万人，占少数民族总人口的34.82%。据2010年我国人口普查资料显示，苗族人口在除了汉族之外，居第5位。①

据2010年全国第六次人口普查苗族分布表可知，苗族人口较多分布在贵州、湖南、云南。其中，贵州苗族396万人位居榜首，远超位列第2的湖南省和第3的云南省。②

中华人民共和国成立后，随着苗族人口的增加，苗族在贵州的分布范围又有所扩大，贵州有80多个县都有苗族分布。其中，黔东南苗族侗族自治州为一大聚居区；松桃县与湖南、湖北相连地区为另一大聚居区；贵州中西部则分散居住，与其他民族杂居相处。因此，贵州是我国苗族分布最多的省份，有许多以苗族为主体建立的苗族自治地方，以苗族和相关苗族联合建立的苗族自治地方有：黔东南苗族侗族自治州，黔南布依族苗族自治州，以及8个自治县，以苗族和其他民族共同建立的民族乡141个。③贵州苗族大多数分布在山区、高寒山区、石漠化地区，可耕地面积少，所以苗族是一个典型的山地民族，苗族经济也是一个典型的山区型农业经济类型。④

---

① 国务院人口普查办公室、国家统计局人口和就业统计司编：《迈向小康社会的中国人口·全国卷》，中国统计出版社2014年版，第208页。

② 瞿继勇：《湘西地区少数民族语言态度研究》，民族出版社2017年版，第73页。

③ 贵州省地方志编纂委员会：《贵州省志·民族志（上册）》，贵州民族出版社2002年版，第76页。

④ 贵州省地方志编纂委员会：《贵州省志·民族志（上册）》，贵州民族出版社2002年版，第38页。

贵州成为苗族居住最为集中的省份是有着历史原因的。在唐宋时期，苗族的分布有较大的变化：一方面是汉水中下游以东至淮河流域的多数苗族因逐步汉化而消失；另一方面是移入贵州的苗族进一步增多，逐步成为全国苗族分布的中心，同时开始进入云南（滇东北除外）。据彝文史籍记载，唐代长庆、大中、咸通年间，云南南诏军队数次侵扰播州时，曾俘掠了数万苗族和仡佬族人民到云南作奴隶，说明当时黔北苗族相当多。贵阳以西至镇宁、关岭、贞丰一带，晋代时设牂牁郡，为大姓谢氏世袭统治。到了唐代，牂牁分裂为东西二部，其部民遂被称为"东谢蛮"和"西谢蛮"，元明两代则称作"东苗"和"西苗"。在黔南惠水、长顺直到黔桂边境，近几年发现了许多苗族岩洞葬，经鉴定，除少部分是魏晋南北朝的以外，大部分都是唐宋至明代的遗物。

这一时期，"苗"的称呼在唐人樊绰《蛮书》、宋人朱辅的《溪蛮丛笑》和《宋史》等书中已开始出现。贵州已逐步形成全国苗族分布的中心，不过由于多种因素的影响，当时这一情况并不为人所知。

从元明到清初，由于封建王朝大力经营西南，在各民族地区逐步设流官治理，对各省具体情况的了解进一步深入，贵州苗族很多的事实逐渐披露于世。又由于湘西、鄂西、川东苗族的大量汉化，于是贵州作为全国苗族分布中心的地位就更加突出。人们根据苗族居住的地理环境，以及苗族各部分服饰颜色、式样的不同，分别将其称为高坡苗、平地苗、长裙苗、短裙苗等，名称多至数十种，因而有"百苗"之说。[1]

明清时期，文献中关于苗族有关的记载渐多，对其内部的亚群体也有了一定的区分，如《明一统志》记载苗人有十二种，清代陈鼎的《黔游记》和田雯的《黔书》都记载有三十多种，陈浩的《八十二种苗图并说》区分得更为细致，将苗族内部的支系扩展为将近一百，遂有"百苗"之称。不

---

[1] 黄强、唐冠军总主编，邓辉、邓小艳本卷编著：《民风族韵——长江流域的民族与融合》，长江出版社2014年版，第194页。

过，这些文献中的"苗"与我们今天所说的苗族的内涵依然不同，不仅包括苗族，也包括今天的侗族、仡佬族、布依族等少数民族。清末，日本的鸟居龙藏在其著作《苗族调查报告》中提出广义的苗族和狭义的苗族之区分，并认为狭义之苗族，即"纯粹之苗族"大都由青苗、红苗、黑苗、白苗、花苗这五个支系组成。① 民国时期凌纯声在《苗族的地理分布》中也认为，"纯苗族之在贵州省又分为红苗、黑苗、白苗、箐苗、花苗五种"②。这时候，文献中关于"苗"的概念与我们今天所说的苗族逐渐接近，并且列出了白、黑、红、花、青五个主要支系。今天，文献中提到苗族，大多认为其是一个支系纷繁的民族，但究竟有多少个支系、具体的支系或亚支系名称都是什么，答案依然不明确。

上面便是文献中有关苗族内部支系的记载及其变化情况的一个粗略的勾勒，从中我们不得不注意三个地方：一是，文献中的"苗"是一个逐渐发展的概念，发展到今天所说的苗族有一个过程，由此，关于其内部支系的记载也处于一个逐渐变动的过程之中；二是，文献中对于苗及其内部支系的记载大多由苗族以外的他者所完成，而他者对于苗族的认识有一个逐渐加深的过程，对于其内部的支系区分也多以外部特征——特别是服饰的异同为标准，而这具有很大的随意性，造成文献中分类的各支系并不一定符合苗族人自己的认知，彼此之间的边界并不分明，有时候甚至是重叠严重，根据学者考证，由于观察者的角度不同，同一个支系也可能被认为是另一个支系，如有人认为是红苗的，另外一人则可能将之看作花苗③；三是，苗族自身是一个不断迁徙、分化的民族，其内部的支系在客观上也不会存在一个稳定的比较恒久的边界。总之，文献中的"苗"作为一个被他

① ［日］鸟居龙藏：《苗族调查报告》，国立编译馆译1936年版，第45页。
② 凌纯声：《苗族的地理分布》，转引自杨万选等《贵州苗族考》，贵州大学出版社2009年版，第183页。
③ 杨志强：《鸟居龙藏的苗族观——论近代民族集团的形成过程》，《贵州社会科学》2008年第2期。

者定义、分类和解释的对象，其支系的划分也不是一个可以不加校正的参考标准。这些都是我们探寻苗族分支的具体来源时需要考虑的。

（三）本书的主要案例——梭戛苗族

本书的重要研究对象梭戛苗族，俗称长角苗，然而正因为上述原因，不宜继续使用特征命名，所以我们在定义该苗族支系的时候，弃用俗称，使用"梭戛苗族"或者"梭戛苗人"，鉴于梭戛乡不止有长角苗一个支系，在本书中梭戛苗族专指梭戛生态博物馆范围内十二个寨子里的苗族群体，这样就会比较清晰，多数学者认为其属于箐苗支系，同时，需要阐明的是在本书中，对于梭戛苗族附近其他苗族支系的称呼由于尚未有清晰考证，暂时用当地称呼代替，如弯角苗、歪梳苗、大花苗等。在做文献梳理时，我们发现长角苗这一称呼并不见于明清及其以前有关苗族内部支系的文献中。较早使用长角苗这个名词的是杨汉先写于1947年的《黔西苗族调查报告》，其在书中列出了长角苗，指出："长角一名乃汉人对此族之称，其人自称为 qa mu ntu（普定龙场上官寨一带），又有为 qa tao，qa tao pie 或 hmong cia 者（郎岱桥及松坝一带），第一及第四称不知何解，第二称自释为'长角'，第三称为'短角'。可见该族的命名亦不一致，大约有者为苗族语本名，有者由汉语转译为苗名也（如第二第三称）。此外，彼等又有自称为 homong zung gna 或 a dung 者，此为居于纳雍、织金一带之另支。"[1] 对于长角苗的分布区域，文中进一步叙述道："此族多居纳雍、织金境，如瓜瓦鸡场、少甫马场、火烧诸坝化洞、催龙及高兴寨等。"[2] 另外，书中还提到另外一个苗族支系名字——牛角苗，"牛角苗分布于安顺南外四十华里之新场一带，汉人称此族为花苗，又有称为牛角苗者，因女

① 杨汉先:《黔西苗族调查报告》，转引自杨万选等《贵州苗族考》，贵州大学出版社2009年版，第98页。
② 杨汉先:《黔西苗族调查报告》，转引自杨万选等《贵州苗族考》，贵州大学出版社2009年版，第98—99页。

子横插长梳头上，发挽其间似牛角然，故名。此种苗自称为 a dung"①。这里，我们可以看出，书中所列的长角苗，分布地域与今天的梭戛苗族多有相近甚至是重合，如梭戛乡高兴寨，所以杨汉先之所称的长角苗很可能就是今天的长角苗，不过分布地域远比今天我们所说的梭戛苗族更广，而且包括范围也比较广泛，一个称为短角苗的支系也包括在内，"长角苗之居于郎岱松坝及上官寨者，自以为其人可分为短角、长角两种，二者衣服小异，彼此尚且通婚"②。至于书中所说的牛角苗，可能是另外一支，根据其自称"a dung"又被称为阿董苗，根据学者研究，民国时候也有人称其为长角苗，但其名称沿袭是清楚的，清朝时被称为鸦雀苗，民国时则有镇宁花苗、古董苗、喽喽苗、蒙阿董等名称。③

---

① 杨汉先:《黔西苗族调查报告》，转引自杨万选等《贵州苗族考》，贵州大学出版社2009年版，第93页。
② 杨汉先:《黔西苗族调查报告》，转引自杨万选等《贵州苗族考》，贵州大学出版社2009年版，第98页。
③ 杨庭硕:《人群代码的历时过程——以苗族族名为例》，贵州人民出版社1998年版，第99、157页。

第一章

文化地理与民族服饰形态分析

我国是个多山的国家，在三级阶梯上均有分布，山地约占全国土地总面积的33%。所谓的山地是相对于平地的一种起伏崎岖的地貌类型和地理区域。广义上所说的山区，包括山地、丘陵和比较崎岖的高原，约占全国陆地面积的69%，山地城镇约占全国城镇总数的一半。山地居住的人口约占全国人口的一半。自然地理环境与民族服饰文化有着非常紧密的关系。本章主要探讨的是山地文化类型对梭戛苗族服饰的形态所造成的影响。正如美国地理学家亨丁敦在《人生地理学原理》中所阐述的地理条件在人类文化发展中不可替代的重要作用："无论哪些人，总有一定的政治、教育、科学、宗教和艺术，于某种意义中，这些事物似乎和地理相关，然而他们所采取的方针、他们所依赖以维持的富源以及他们发展能力的高下，却都是依靠着地理环境的。"[①] 人作为自然界的一部分，文化活动必然受到自然环境、条件的影响和制约，贵州六盘水梭戛这片险峻莽阔的地域造就了独特的苗族山地文化，铸就具有浓郁山地文化的民族性格，特有的地理环境

---

① 转引自邓建民、赵琪《少数民族纠纷解决机制与社会和谐——以四川民族地区为例》，民族出版社2011年版，第109页。

影响着世代繁衍生息在这里的苗族人民的衣食住行，也支配影响着人们社会生活关系、思维习惯、价值理念、道德观念等。

第一节　山地地理环境下的原始服装形态

山地的环境容量小于平原地区，其所承载的人口自然要少于后者。另外，历史的经验告诉我们，在人类群体、部落、民族或国家的竞争过程中，具有某种优势的一部分常常优先占据、开发环境良好的地区，而那些弱小的或落后的部分往往成为失败者，逃往或被驱赶到环境较恶劣的高原或山地。这种环境一方面给弱小力量以栖身避难之地，另一方面则更加严重地妨碍了它们同外界的交往，拉大了它们与外界文明的差距。但环境恶劣只是山地文化较封闭、落后的部分原因，而不是全部原因。[①] 山地文化在经济上有其独特性。山村经济受到高山气候、物产交通等的影响，显示出它一般的特点，并对生产习俗产生制约作用。山区可耕地极少，但动植物和矿产资源丰富，这直接决定了当地生产与自然财富有密切的关系。山地的生产与交换又严格地受到交通障碍的限制，使其生产与消费的自给性增强，货币的作用在相当长的历史时期里显得薄弱。[②] 尽管我国的山地类型较多，分布较广，可能在不同区域不同类型也存在着许多文化上的差异，但当我们将山地作为一个区域文化整体与平原比较时，山地也显示一些共性文化特征，其中突出的特征是保守性与集体性。由此而导致山地居民生存条件和生产方式的特殊性，长期作用的结果形成了独具特色的山地文化类型。在对山地文化遗产进行保护的时候需要充分重视其特殊性。我

[①]　刘梦溪主编，吴必虎、刘筱娟撰：《中华文化通志·艺文典·景观志》，上海人民出版社1998年版，第125页。

[②]　乌丙安：《中国民俗学》，辽宁大学出版社1985年版。

国山地大多比较高。贵州是我国最具山地特征的省份。本书所关注的对象是在梭戛生态博物馆社区内的苗族人。梭戛生态博物馆的范围包括12个梭戛苗人的主要聚居的村寨，即六枝特区梭戛苗族彝族回族乡安柱村安柱寨，高兴村陇戛寨、补空寨、小坝田寨、高兴寨，新华乡新寨村大湾新寨、双屯村新发寨，织金县阿弓镇长地村后寨，官寨村苗寨、小新寨，化董村化董寨、依中底寨。我们将这次研究的切入点定在梭戛生态博物馆信息中心所在地——陇戛寨（图1-1）。陇戛寨隶属六枝特区梭戛乡。梭戛乡位于六枝特区西北部，距六枝特区政府驻地32千米，东接新华乡，南抵岩脚镇，西与新场乡、牛场乡接壤，北与织金县毗邻。全乡国土总面积56.7平方公里，地形地势走向为东北部高、西南部低，高低落差大，海拔在1400米至2200米之间，平均海拔1470米。此次考察梭戛苗族的几个村寨海拔都在1750米左右，属于较为典型的山地，他们的文化也具有典型的山地文化遗产的特点。我们以服饰文化遗产为例阐述山地文化遗产类型的显著特点及对如何对其进行保护进行探讨。山地文化遗产的个案的探讨有助于我们对相似类型文化遗产保护的思考。

图1-1

山地文化遗产有两个特性，第一个特性是相对封闭造成的文化原始性与完整性，山地文化的典型地理因素是交通不便，与外界交流相对较少，这使得一般情况下，一个在区域中形成的文化遗产保存的较为独立完整，在全球一体化的冲击下，相对于平原地区来说，受到的冲击较小，所以保留得较有特色。第二个特性是相对脆弱性，这似乎是与第一点矛盾，正是因为山地文化由于特殊的地理环境，形成相对较为封闭的文化环境，使文化遗产得到较好的保留和发展，然而相对封闭让当地经济不够发达，一旦以某种形式开放，例如旅游点、生态博物馆，在与外界进行大量的接触之后，当地的文化遗产主体会在外来文化的冲击下感到自卑，甚至完全放弃自己的文化遗产，当地的文化遗产会迅速消失殆尽，这就是文化人类学中常常提到的"涵化"。

从服装结构上来说，梭戛苗人的服装处于服装发展的第三阶段缝制型的中晚期和第四阶段拼合型的早期。这里讲的服饰结构，主要针对每一套盛装服装的综合要素而言，具体地说，它包括组成衣服的布片、形状、拼缝方式等几个部分。通过上述各型服饰的客观异同进行比较，它们的差异主要表现在结构上，即构成服装的布片形状、大小、数量、多少和缝制方式等特征上。服饰发展史上的五种形制——编制型、织制型、缝制型、拼合型、剪裁型。[1] 梭戛苗族的男女民族服装基本上都处在服装发展形态的中级阶段上，具体地说就是第三阶段缝制型的中晚期和第四阶段拼合型的早期。这时的服装构形完全采用规则的正方形或者矩形等几何图形剪裁而成的布片进行缝制，一件上衣一般由15块方形布片构成，臂片、袖片、背片都为正方形，领子、上臂片、前襟为矩形，一条裙子一般只要2—3块1丈（约3.3米）长的矩形布缝制，有的则整段布缝制，做成的服装不具有个体化特征，不同年龄甚至不同性别的胖瘦者都可穿用（表1—1）

---

① 贵州省志民族志编委编:《民族志资料汇编·第五集（苗族）》，贵州省志民族志编委会1987年版，第428页。

表 1-1 女装部件构成与特征

女服上装部件名称	数量（条）	材料	特征与尺寸
领片	1	蜡染（刺绣）的棉布	纹样为二方连续，长方形布片，长 34 cm，宽 6 cm
背片	1	蜡染（刺绣）的棉布	纹样主体为四方连续，呈方形，边长 31 cm，上部有一块长方形未上纹样部分
袖片	2	蜡染（刺绣）的棉（麻）布	纹样以四方连续为主，呈方形，边长 31 cm 房基状，左右两侧各有一块长方形未上纹样部分
襟片	2	蜡染（刺绣）的棉（麻）布	纹样为二方连续，襟片上绘制有纵横纹，纵纹标示领子，制作时与领片相接，长约 40 cm，宽约 31 cm
臂片	2	蜡染（刺绣）的棉（麻）布	为一个单位纹样，正方形，边长 15 cm
小尾片	6	蜡染（刺绣）的棉（麻）布	纹样以二方连续为主，长方形，宽一般 7 cm，长 30 cm—32 cm
尾片	1	蜡染（刺绣）的棉（麻）布	纹样以四方连续为主，正方形，边长 31 cm
蜡染条或者刺绣条	5	蜡染（刺绣）的棉（麻）布	纹样以二方连续为主，长 31 cm，宽 1 cm
上臂连接布片	2	市场上购买花布或者自制蜡染蓝色布块	无纹样，以花布本色作装饰，宽 12 cm，长 31 cm

（图 1-2）。陇戛寨附近的弯角苗、大花苗、歪梳苗的服装也都具有这个共同特征：缝制衣服时，布料一般不用剪刀裁，仅凭手撕，撕后的布片系完整的矩形，常常两两相对，可以任意调换而不影响服装缝制；有的甚至仅将布料按大致尺寸横断，立即缝制，为节省缝工，将原有布边用作花边，以免再去缝衣边。一般只有肩部和袖子缝合，并且缝合线较短，缝合

量也小。制衣过程不产生任何边角布料，整匹布完整无缺地缝进衣服中去。凡具备这些特征的服装，自然不用剪刀，故有人名之为缝合型服装。

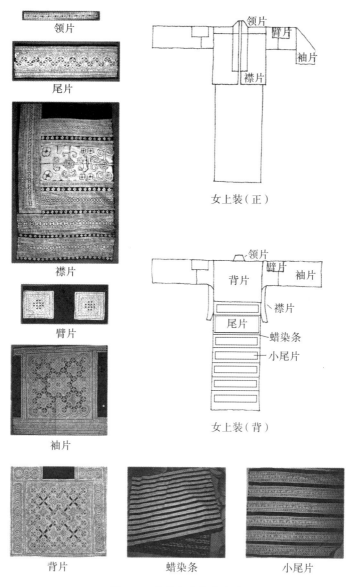

图1-2　女装上装部件名称

服饰的形态与发展阶段与工具的运用有着很大的关系。说起梭戛苗人的服装制作来不得不提到他们的织布机，梭戛苗人的织布机的特点是非常纤小，可拆卸，比较适应迁徙生活，织出来的布也就一尺（约33.3厘米）宽，梭戛苗族身上服饰的任何组成部件都是一尺宽，这样的服装结构使用一尺布，是根本不用裁剪的（图1-3）。当这些服装定型时，梭戛苗族的制衣水平还很低下，工具十分简陋，缺乏剪裁，只好将完整的布匹直接缝制，这可从服装所用布料的宽度刚好是梭戛苗族所使用的织布机宽度得到证明。后来发现附近居住在麻地窝的大花苗使用织布机织出来的幅要比梭戛苗族的宽10厘米左右，而他们的服饰也是处于缝制型的中晚期与拼合型的早期，衣服样式比较宽大。同时，由于梭戛苗族生活在非常闭塞的深山中，针线供应相当困难，所以他们有意识地减少了缝合加工量。大苗族

图1-3　织布机

服装如大花苗上衣的两袖部分并不完全缝合，仅前后襟肩部缝合，靠头穿戴，才能将衣服披在身上，甚至上衣腋下部分也不完全缝合。在这方面梭戛苗族的服装还算是稍微精致一些，袖子是完全缝合的。据说在20世纪70年代之前，梭戛苗族女性的裙子都不是缝起来的，而是用小绳将整块布系起来。在横拼式基础上发展的直拼式服装的缝合加工量成倍地增加，这种方式缝制的衣服能较好地覆盖在身体上，也不必另着背片、披肩之类的附加物，并且直拼式服装已经能初步按不同年龄和人体高矮胖瘦来缝制，表明其服装较此前横拼式有了较大进步，然而，它终究没有突破剪裁难关，仍为整片布料投入缝制。越早的服装形制部件越多，缝制加工量越小，覆盖身体的功能越低，反之，服装部件越少，缝合加工量越多。

根据梭戛苗族日常穿着的民族服装结构，我们可以分析出梭戛苗人长期以来所处的缺乏工具、自给自足的生活状态。在调查中我们发现这种服装形态结构在数百年来基本没有发生变化。

第二节　传统服饰与制衣工具的变迁

相对封闭的地理环境所造成的语言不通以及落后的经济等各项因素，使梭戛苗族的服饰的制作工具与制衣材料远远落后于同时代的其他地区民众。制衣工具与材料的升级与改变对梭戛苗族的文化心理与社会价值体系产生了重大影响。

（一）传统制衣工具及其变迁

传统民族服饰的制作包括材料的生产以及衣服的缝制，这就包括了纺线织布以及缝制成衣，用到的工具主要有纺车、织布机、针。

纺车：把棉、麻或其他纤维纺成线或绳的工具。纺车是一种可用于纺纱、并线、捻线、络纬及牵伸的机具，在中国古代也被称为轩车、繀车、筝车或轨车，这些称谓主要与上述不同的用途有关。[①] 手摇纺车出现在春秋战国时期，汉代文献开始有明确记载。《说文解字》即释轩车为"纺车也"。段玉裁注云："纺者，纺丝也，凡丝必纺之而后可织。纺车曰轩。"释繀车为"著丝于筝车也"。汉代纺车的形制图像在山东滕州市龙阳店、滕州市宏道院、江苏铜山青山泉、铜山洪楼等地出土或收藏的汉代画像石上都可看到。此外，在1976年山东临沂银雀山西汉墓出土的一块帛画上也绘有纺车图像。古代纺车有两种，一种是手摇纺车，一种是脚踏纺车。手摇纺车出现在汉代，脚踏纺车是在继承手摇纺车优点的基础上诞生的。[②] 手摇纺车的动力来自手（图1-4），工作时需一手摇动纺车，一手从事纺纱工作。而脚踏纺车驱动纺车的力很明显来自脚，操作时只需用脚提供动力，被解放出来的双手则进行纺纱操作，大大提高了纺纱效率（图1-5）。

图1-4　纺车

图1-5　脚踏纺车

---

① 赵翰生、邢声远、田方：《大众纺织技术史》，山东科学技术出版社2015年版，第34页。
② 李会影编著：《中国古代科技发明创造大全》，北京工业大学出版社2015年版，第167页。

手摇纺车是由架子、棱子、锭子、轴、搅把组成。纺线人盘坐于蒲墩之上，右手顺时针方向转动搅把，左手持股节徐徐扬起，纺出的线至一定长度时缓缓倒转搅把，把线缠绕到锭子上，再顺时针方向转动搅把，反复循环操作，纺到锭子上的线成型后叫繀子。[①]纺车自问世以来，一直都是最普及的纺纱机具，就是现在现代化的社会，在一些偏僻的民族地区，人们仍然用纺车纺纱。

织布机：即用经纬交叉的方法将线或纱织成布的工具，主要的部件有：机框、机架、檊枋、卷经轴、梭等。织布时，人坐在座板上，分别用双脚踩动踏板，使得经纬线上下交错分开。将织布梭从中间穿过，搬动檊枋将纬线挤紧。根据织出布的长短，移动辅杖，适时紧动卷柱，插紧打票棍，如此反复操作，即可成布。织布机在我国已经拥有悠久的历史，不过在古代文献中，记载并不多，所以织布机究竟起源于何时，目前缺乏可靠的史料，按我国汉画像石推测，织布机出现可追溯到战国时期，至汉代已普遍推广使用。[②]在汉乐府《木兰辞》中有"唧唧复唧唧，木兰当户织"的诗句。脚踏织机，是我国古代劳动人民的伟大发明。后来通过"丝绸之路"，逐渐传输到中亚、西亚和欧洲各国。欧洲是6世纪开始出现的，13世纪才广泛应用。[③]我国民族众多，由于经济和历史发展不同，使用的织机也不相同，大体可以分为斜织机和踞织机，以及一些过渡机型。斜织机是通过踏板传动绳索与连杆的作用，达到开启梭道的目的，以利织布工作进行的机器，是我国古代出现最早，应用最广，流传年代最久的传统织机类型。由于斜织机发展成熟且应用广泛，因此出现许多不同的类型与名

---

① 何信芳编著：《农耕民俗谱——滹沱河域历史文化遗产》，河北美术出版社2013年版，第90页。
② 梅自强主编：《纺织辞典》，中国纺织出版社2007年版，第666页。
③ 上海市纺织科学研究院《纺织史话》编写组：《纺织史话》，上海科学技术出版社1978年版，第90页。

称，比如腰机、布机、卧机。[1] 踞织机中的踞是蹲坐的意思，这是因为织者织造时席地而坐而得名。这种织机也称作腰机，不过在结构方面，踞织机较简单。踞织机是云南少数民族中最常见的织机。至今仍在使用踞织机的民族有独龙族、怒族、傈僳族、景颇族、德昂族、阿昌族、佤族、拉祜族、基诺族、哈尼族、苗族、彝族、藏族、普米族、傣族等。[2] 踞织机是最古老的织机之一，其历史悠久，结构简单，但它展示了织造的基本原理，是现代纺织的基础，是由编向织发展的表现形式。踞织机的操作过程如下：织者席地而坐，手提综杆分经形成开口（梭口），用梭（纡）引纬穿过，纬刀打纬，以后再利用经纱张力形成第二次开口，进行第二次引纬打纬，继而进行第三次开口、引纬、打纬……

梭戛苗人的纺织机是制作传统服饰布料的重要器具，据实地考察，陇戛寨所属的梭戛乡是一个多民族杂居的民族乡，在陇戛寨周围方圆四千米内就生活汉族、布依族、彝族、仡佬族、穿青人，还有另外一个苗族分支——大花苗。在这些民族中，除了大花苗和梭戛苗族之外，其他几个少数民族在新中国成立后逐渐改装，现在的服装已经与汉族毫无差别了。在织机方面使用的是比踞织机要复杂有效的布机。

在20世纪70年代末期，我国的种植结构发生改变，纺织业也迅猛发展，中国广大农村男耕女织的状况开始改变，许多农村不再种植棉花，也不再进行手工织布了。数千年来男耕女织的生活方式发生了改变。不过在梭戛苗寨，差不多到了21世纪初期仍然在保持使用纺车纺线、织布机织布的生产方式。

（二）传统的服装制作材料

棉花的种植最早起源于印度河流域文明中，在两汉时期就传入我国，

---

[1] 萧国鸿、颜鸿森：《古中国书籍插图之机构》，萧国鸿、张柏春译，大象出版社2016年版，第235页。

[2] 罗钰、钟秋：《云南物质文化·纺织卷》，云南教育出版社2000年版，第165页。

然而由于没有合适的工具，也就是技术的限制，棉花脱籽还是个大问题，棉花难以制作成布匹，所以尽管棉制品比麻、葛更保暖，比丝绸好打理，但我国在南宋以前，纺织的原料仍然主要是丝和麻，所谓织布就是织麻布。织麻布不用将麻纺成细线，也不需要纺锭的纺车，工艺流程简单，所以长期内，百姓普遍制作与穿着麻布衣服。这种情况在元代发生了变化，据元代陶宗仪的《辍耕录》记载，黄道婆将黎族的先进技术带回江南地区，推广和改进了捍、弹、纺、织一整套的纺织工具。其中，捍又叫轧车、踏车，解决了以前全凭手工的去除棉花籽，效率低下的弊病；弹是疏松棉花的弓；纺就是纺车，黄道婆把以前只能纺一个锭的手摇式改进为同时纺三个锭的脚踏式纺车，大大提高了纺线的效率；织就是织布机，黄道婆改进的织布机可以织出非常漂亮的花布。直接促进了棉布在元代的普遍应用。元代初期，政府设立了木棉提举司，开始大规模向百姓征收棉布，后来又将棉布纳入夏税之首，这也说明此时棉布已成为较为普遍的服装用料。明清两代，棉花种植与棉布纺织已经遍布天下，棉已经成为最主要的纺织原料之一。不过在这里要说明的是棉花分为粗绒棉和细绒棉两种，粗绒棉有非洲棉与亚洲棉，细绒棉分陆地棉和海岛棉，均产于美洲。虽然非洲棉于西汉通过中亚传入我国，亚洲棉也于东汉由印度传入我国，但因其棉绒短，只能手工纺织成粗布，在19世纪末，能适合机器化生产，棉绒长的原产美洲的陆地棉和海岛棉被引入我国，逐渐替代了粗绒棉。

我国是大麻和苎麻的原产地。所以国外也把大麻叫作汉麻，把苎麻叫作中国草。据考古发现，用麻纤维来制作纺织材料的历史可以追溯到远古时代。进入奴隶社会后，纺织技术有了极大的提高，经纱密度可以达到每厘米50根，相当于今天的高级府绸。我国古代种植的麻类，有大麻、苎麻、苘麻，苘麻纤维比较硬，一般不能作为做衣服的材料，多用来制绳索。大麻和苎麻都是优秀的纺织原料。《本草纲目》记载，苎麻作纻，可以绩纻，故谓之纻。苎又有山苎，就是野苎麻，有紫苎，叶面为紫色，有白苎，叶面青色，背面白色。我国地大物博，气候多变，苎麻在各个地区种植因其形色而异，获得了很多名称，例如苎仔、绿麻、青麻、白麻、毛把麻、刀麻、铁麻、紫麻、乌麻等。

苎麻织成的布料坚牢厚实，轻若蝉翼，清凉离汗。我国精湛的苎麻织品，曾驰誉中外，远销重洋。随着棉花在全国各地的普遍种植，麻逐渐失去它在人民生活中的重要地位。然而，在我国西南部地区的人民，仍然长期有种植苎麻与使用麻布的习惯。

在梭戛当地，苗族普遍种植苎麻，苎麻在当地又被称为叶麻，用以制作传统服饰的布料，女性就是使用脚踏纺车制作麻线，之后用织机将其制成麻布。在20世纪60年代以前，男子服装全是纯麻制作，随着棉线的出现，自60年代开始使用棉线与麻线混纺纺成的麻布，沿袭至今。种好的麻经过割麻（图1-6）、晒麻（图1-7），再到用石灰水泡、锤麻、剥麻、分麻、纺麻几道工序后纺出麻线（图1-8）。麻线制成后挽纱并上到梭子上，织布机上是纱，也就是说纬线是麻，经线是纱（棉线），然后织出来的布用染缸里的蓝靛染成深蓝色，一般要染4道，这样不容易掉色。用棉麻两种线织成的麻布服装要比全用麻线织成的服装穿着舒适得多。从布料构成上来说，这种布的厚度以及质感都与麻布接近，所以我们仍将这种布称为麻布。

图1-6　割麻

图1-7　晒麻

图 1-8　麻线

（三）新的制衣工具与材料的出现

缝纫在人类历史上已是一件很古老的事情。远在原始社会里，我们的祖先已开始用树叶和兽皮遮身。最初的缝纫工具是用磨尖的石块或兽骨、鱼骨做成的针在树叶或兽皮上穿孔，然后用草藤或兽筋缝缀成衣服来御寒。石器时代后，人们才学会了用金属制造的缝针来缝制衣服。物质资料生产的工具与他们的技能"对于人类的优越程度和支配自然的程度具有决定的意义"[1]。我们知道，第一次工业革命的起点是纺纱制布，而在100多年后服装生产才实现机械化，1845年，美国的霍威发明了曲线锁式缝纫机，缝纫速度为300针/分，效率超过了5名手工操作的缝纫师。缝纫机的出现，把许多女性从繁杂的手工缝制中解放出来，为她们从事其他社会活动提供了时间。在19世纪六七十年代，外国人把缝纫机带入上海。葛元煦对于最早传入中国的缝纫机做过如下描述："器仅尺许，可置几案上。上有铜盘衔针一，下置铁轮，以足蹴木板，轮自转旋。将布帛置其上，针能引线上下穿过。细针密缕，顷刻告成，可抵女红十人。"[2] 在19世纪末，

---

[1]　中共中央马克思恩格斯列宁斯大林著作编译局编：《马克思恩格斯选集》（第四卷），人民出版社1995年版，第18页。

[2]　葛元煦、黄式权、池志澂：《沪游杂记·淞南梦影录·沪游梦影》，上海古籍出版社1989年版，第29页。

随着帝国主义的入侵，国外的缝纫机开始大量倾销到中国市场，而国产缝纫机非常落后。新中国成立后，随着人民生活水平的提高，人们对于缝纫机的需要量也大量上涨，我国很多省市建立了缝纫机制造厂，20世纪六七十年代流行的结婚三大件即手表、自行车、缝纫机。即使结婚的时候没有购买，每个家庭也都会努力置办的（图1-9）。

图1-9　高兴村的缝纫机

梭嘎苗族的服装形制我们在前文中讲过，材料都是布片、蜡染片和刺绣片等方形布片。一块布做下来是没有边角料的，大大小小的布片都可以使用上，然而将所有的布片手工缝制成成品服装还需要相当大的劳动量。在1988年，高兴村出现了第一台脚踏式的太湖牌缝纫机。我们走访了该村第一位购买缝纫机的老人王某①，她是几十年前嫁到陇戛寨的。这位老人是陇戛寨唯一举行过"打亲"迎亲的女性，她这样经历的人在寨子里的女性当中算得上是有见识的了。当我问起她为什么要买缝纫机的时候，她回答："我的孩子太多了，实在是做不了了，孩子没衣服穿或者穿破的，人家都会笑话你。后来跟丈夫去靠近六枝的岩脚赶场（集市），在场上见到有缝纫机，打得那么快，我想有了这个就再不怕做不完衣服了，后来

---

① 王某，女，生于1942年，文化程度是小学二年级。

想了又想就去买回来了，从岩脚一路背回来的，走了一整天。"

据老人讲当时的这台缝纫机是花了200多元买的，花了她和丈夫所有的积蓄，这件事在当时成为整个高兴村的大新闻。缝纫机买回来后，他们给大家打衣服，打裙子的花边一条一毛钱，每天都有很多妇女跑来打衣服。笔者在陆续走访了些中老年妇女之后发现，老人们对缝纫机的使用都由衷赞叹："好得很，机子做得比较快。以前自己做一件裙子要两三天，要一针一针地雕，现在机子打一会儿就好了。你去做客的时候没有裙子穿，打一小会儿就有了。"

对于梭戛苗族女性来说，缝纫机进入家庭，也是一场革命，极大地提高了她们手工制作量，使她们可以有更多的时间从事其他副业，从而改善生活。不过值得思考的是，当传统手工艺成为商品的时候，不再作为自己的角色组成部分的时候，追求剩余价值，追求高效率必然成为目的。那么昔日里被刺绣与蜡染工作困住的梭戛女性一旦有机会接触到绣花机与工业印染，同样会采用工业化制品取代自己的手工制品。方李莉研究员曾在《景德镇民窑》中提到了景德镇传统手工业的发展模式：手工（繁荣）—机械（走向衰败）—手工（繁荣）。当梭戛苗族的传统制服饰的市场需求量远远超出供应量的时候，那么必然会有人会想到利用机械来代替手工。而一旦机械化之后，机械的千篇一律会成为普遍的风格，取代了凝聚苗族女性智慧的具有个人化风格的标志，服饰即使保持原来类似的外貌，本质上也容易变成廉价的千篇一律的工业商品。个体手工制作的昂贵民族服装将面临挑战，个体手工业会衰败。幸好随着人们的文化自觉，在经济与生活条件得到保障的基础上人们越来越重现传统手工艺，手工制作迎来更多机会。

总之，随着交通以及网络，乃至各种传媒的发展，梭戛苗族女性制作服饰的工具在不断发展，然而家庭工具终归难以抗衡工业机器，生产力的提高、技术的改进是一个时代的必然趋势，工业机器也必然取代小作坊式的生产工具，那也就意味着工业化做出来的民族服饰势不可当，不过，作为民族服饰的制作，如何在这样的时代条件下得以持续发展则需要我们的思考。

第二章

服饰纹样的物理基础与工艺变迁

第一节 蜡染的种类与风格变迁

蜡染在中国古代被称作蜡缬，这是一项具有悠久历史的印染技术，其工艺过程比较简单，它的起源可以追溯到汉代以前。从马王堆出土的大量印染织品中可以看到蜡染工艺在西汉时期就已经达到相当高的水平。唐代用色彩鲜艳的蜡染制品，做成宫廷服饰，已极其兴盛。宋代周去非在《岭外代答》"瑶斑布"条中说："瑶人以蓝染布为斑，其纹极细。其法以木板二片，镂成细花，用以夹布，而熔蜡灌于镂中，而后乃释板取布，投诸蓝中。布既受蓝，则煮布以去其蜡，故能受成极细斑花，炳然可观。"[①] 至宋代之后，中原逐渐衰退失传，而转向南方民族地区。如今，蜡染在中国布依、苗、瑶、仡佬等少数民族中仍很流行，其中在苗族使用最广泛。[②] 生活在贵州六枝特区梭戛乡大山深处的梭戛苗族，作为苗族的一个分支，在

---

① （宋）周去非：《岭外代答校注》，杨武泉校注，中华书局1999年版，第224页。
② 杨正文：《鸟纹羽衣——苗族服饰及制作技艺考察》，四川人民出版社2003年版，第108页。

制作民族服饰时大量采用蜡染的方法。那么他们的蜡染工艺是怎样的呢？随着岁月更替，他们的蜡染工艺又发生了哪些变化呢？

一、蜡染的工具与材料

梭戛苗族人的蜡染工具主要有蜡刀和蜡锅，材料就是蜡与白棉布。蜡刀用来在布上雕花，蜡锅用来煮蜡，使蜡熔化并保持合适的温度，以便于使用，而蜡染的材料则是蜡和染料。

蜡刀一般形式为木柄铜身，即手柄部分为木制，刀身则是梯形的铜制簧片。蜡刀的簧片可以是一个，也可以是多个，如果是多个簧片，其形状通常是相同的，于是就叠加起来，一般小蜡刀是一个簧片，大的则是两到三个簧片。蜡刀配备的簧片越多，其画出来的形状线条就越粗，但即使是一个铜簧片组成的蜡刀，其铜簧片的厚薄也是不同的，画出的形状线条也有粗有细。梭戛苗族人使用的蜡刀并不自己制作，而是向专门制作蜡刀的人购买。

一般而言，每个梭戛苗族女性都有十多把蜡刀（图2-1），但是常用的只有四把，一把小的蜡刀用来做欧，欧是梭戛苗族蜡染刺绣中最常见的花纹之一，由四个半圆连环组成，类似花瓣的边缘；另一把稍微大点的蜡刀用来画牙齿花形状的花纹，牙齿花是常用的纹样组合元素之一；再一把大的蜡刀用来制作杠道（在梭戛苗族的服饰纹样中有很多直线组成的正方形或者长方形，这些直线被称为杠道）花纹；还有一个很大的蜡刀，这个蜡刀与前面的三把蜡刀并不相同，它是一个木头手柄，并排插有几十个针头，类似打印机的针式端口，是用来专门画裙子上蜡染的主体图案。

蜡染的工具在蜡刀之外，便是蜡锅（图2-2），通常是一个口径大约8厘米、高约2厘米的小铁锅。在画蜡的时候，梭戛苗族女性会将装蜡的小锅放在火炉上，蜡就会化为液体。

从上至下四把蜡刀分别注为 a b c d　　　　专画裙子纹的蜡染刀

蜡刀 a b c 使用方法　　蜡刀 d 使用方法　　正在使用蜡刀制蜡染纹样的少女

图 2-1　蜡刀

图 2-2　蜡锅

在蜡染的工具之外，蜡作为防染材料，是蜡染中重要的材料之一。之所以被称为蜡染，也是因为蜡在这一过程中的防染作用。梭戛苗族在蜡染中使用的蜡主要有蜂蜡、漆蜡和石蜡，其中蜂蜡和漆蜡是较为传统的，而石蜡是现在最常用的，石蜡出现后逐步取代了蜂蜡和漆蜡。对此，梭戛苗族老人叙述说："以前的时候都是用漆蜡和蜂蜡，在20世纪70年代的时候场上出现石蜡，才开始用石蜡来画衣服的。"从蜂蜡、漆蜡到石蜡，是梭戛苗人蜡染工艺材料随时间而做的一个改变。

蜂蜡，是蜜蜂腹部蜡腺的分泌物，是将蜂窝煮后获取的天然动物蜡。梭戛苗人长期以来都有养蜂的习惯，不过在20世纪80年代后期养蜂的人逐渐少了。现在偶尔在寨子里可以看到一些养蜂的人家。村民养蜂的土办法是"看见那蜂王落在山上，就拿一把土一扬，蜂晕了会停下，村民就会拿个桶把蜂王以及跟随的蜜蜂带回家养"。我们可以看出，梭戛苗族养蜂并不是专业的，他们不是一年一年地养下去，而是直接从自然界中取蜜蜂养。每年梭戛苗族都会将自然中的蜜蜂捉来养着，然后从蜂巢中取蜡，第二年再去寻找自然界里的蜜蜂，继续圈养取蜡（图2-3）。正因为如

图2-3 蜂箱

此，梭戛苗寨存在一个现象，寨子里养蜂人家数量会在一年中随时间而变化，在每年蜜蜂活动最频繁的时候多，在其他时候少。从每年3月蜜蜂活动频繁的时候开始，陇戛寨养蜂的人家也随之增多，笔者在2月看到老寨新村一共只有两家养蜂，然而在4月的时候看到至少有七八家在养蜂。

梭戛苗人制作蜂蜡的方法是将蜂巢放在锅里加水煮，随着温度的升高，水面慢慢地漂起一层天然的动物蜡，将其捞起来，等其凝固，就成了蜡染所需要的蜂蜡。

除了蜂蜡，梭戛苗人蜡染使用的另外一种蜡是漆蜡，漆蜡也是取自天然，它来自一种用漆树的果子。在梭戛苗族生活的地方，天然地生长着一种漆树，秋天的时候，梭戛苗人把这种漆树的果子摘下，然后将果子舂成粉末，用甑子蒸后压出水来，这个水凝固成蜡，最后便形成漆蜡。

至于石蜡，为无色或白色半透明块状物质，常显结晶状的构造。其物理特性为：无味，几乎不溶于水、乙醇，可溶于三氯甲烷或乙醚，熔融并冷却后能够与大多数蜡相互混合。它是工业产品，近年来使用的人越来越多，逐步替代了蜂蜡以及漆蜡。

二、染料制作和蜡染的工艺过程

蜡染工艺的另外一个重要原料是染料。梭戛苗族蜡染多是蓝白两色蜡染，其中白色是取之天然颜色，而蓝色是由染料印染产生。梭戛苗人采用的蓝色染料来自一种天然的植物，称为蓝靛草，这是一种蓼科植物，在贵州有广泛的分布，然而在梭戛苗人生活的地方并没有这种草。不过，在附近一个叫落别的地方却盛产这种草，每年5月至7月寨子里都会有从那个地方背着蓝靛来贩卖的货郎。

梭戛苗族蜡染的染料由两部分调配而成，一部分是蓝靛草制作的主要材料，一部分是由从山上挖来的其他草木做的辅助材料。主料制作很简单，梭戛苗人将蓝靛草（不用砸碎）放在缸里2—3天，捞出来加点石灰水，于是颜色变为蓝色，用小罐子装起来，这便是可以使用的蓝靛了。辅料的制作则要复杂，首先烧两锅温开水，拿草木灰（最好是杉树灰）装在簸箕上，上面铺一块布，架在染缸上，然后慢慢滴水到布上，草木水滴入染缸。然后从山上采来两三种草木（图2-4），包括被当地人称为"依秋"或"依秋蒜"的根茎叶、何首乌的根、酸汤杆（学名虎杖，多年生草本，叶片是暗红色的，高1—2米，根茎粗大，木质，外皮棕色，断面黄色）的根，然后混合起来，春融后加一点碱或者石灰水放进染缸（图2-5），这之后把染缸盖上封住，待十多天后，掀开盖子观察，如果颜色呈暗黄色则成功，如果呈灰黑色则不成功，成功的辅料可以使用，制作良好的甚至可以使用2—3年，失败了只好重做。蓝靛和辅助材料制作好之后，在蜡染的时候，只需将两者在染缸中混合便可以使用了，但这混合也有成功和失败，梭戛苗族流传有两首古老的情歌，其中提到了蜡染以及制作技艺：

依秋蒜↑ 杉树↓

何首乌↑ 酸汤杆↓

图2-4　蜡染原料　　　　　　　图2-5　染缸

情歌一

姑娘像阳光一样照满山，

小伙子像草一样还没有成长起来，

姑娘像阳光一样照满坡，

小伙子像草一样还没睡醒。

七月蜜蜂开始采花，

八月姑娘染布不变蓝，

七月蜜蜂开始采果，

八月姑娘染布不上靛。

好的染缸布不变蓝，

我得不到你却难得放手，

好的染缸染布不上靛，

我得不到你却难得分离。

我巴不得这天地重新变化，

那我就可以牵着你的手生活到老。

——安丽哲采录，熊光禄翻译

情歌二

鸟儿落在树枝上，妹妹正在做染缸。

鸟儿正好飞在天空上，妹妹看了扛着镐刀去干活。

染缸好颜色会变蓝，水泡会变绿。

伤了妹妹的心，妹妹抓起麻秆去搅和染缸的水，

水泡融化伤了妹妹的心，也伤了哥哥的肝。

然后妹妹就送哥哥到了草坪上。

——安丽哲采录，熊光禄翻译

在《情歌一》中，提到了蜡染的时间。梭戛苗族蜡染并不是在一年的所有时候都进行，而只是在气温合适的5月或7月进行。每年到这个时候，年轻的小姑娘们都不干活了，专心画一个月的蜡，画出能制作出两件衣服的蜡布，因为过了7月，天气变凉，蜡非常容易凝固，画蜡就不是非常容易的了。

在《情歌二》中，提到了蜡染工艺的技术问题，"染缸好颜色会变蓝，水泡会变绿"是染缸成功的标志，而如果蓝靛放进去，在搅拌之后，水泡有点灰色，则表明蜡染不成功。调配成功的染料需要有相当的经验才能制作成功。

梭戛苗族蜡染工艺的过程就是将防染的材料蜡放在蜡锅里，在火炉上加热成液体，然后用蜡刀蘸着这些防染液，在用指甲画好经纬线的白色棉、麻布上绘成图案，等蜡液凝固之后将布投入蓝靛染液中进行加染，最后将染好的布放入清水锅中加热，溶解了防染的蜡渍，就得到了蓝白相间的蜡染布。可以看出，蜡染工艺过程总体上可以分为两个步骤，一是画蜡，用蜡刀蘸着蜡在准备蜡染的布上画出自己想要的图案，一个是印染，即在染缸里将布染上蓝色，再脱蜡晾干。

蜡染是梭戛苗族传统女性必须掌握的技艺之一，一般情况下，梭戛苗族女子在孩童时期就开始学习制作服饰，而学习蜡染中的画蜡（图2-6）则在十一二岁时候才开始，一般经过2—3年方可完全掌握。画蜡不是一个容易掌握的技艺，因为传统蜡染中的画蜡并不用笔和尺子，完全凭借心中的构思，用手力来掌握线条的曲直粗细。首先要求蜡的温度要合适，因为冷了，蜡就凝固了，热了又容易流成一片；其次要求拿刀稳，下刀准，对速度以及画图的准确度都要求很高。就刺绣与蜡染来说，蜡染的难度要比绣花大，所以女孩子们先开始学刺绣，然后学画蜡。一般而言，熟练掌握画蜡技艺的梭戛苗族姑娘画蜡不但快还精准，而且蜡液落布即干，似乎可以用神乎其神来形容。

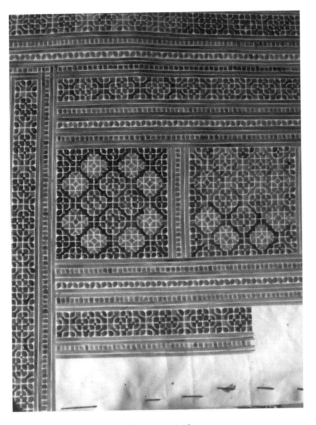

图2-6　画蜡

　　在画蜡完毕之后，便是印染了。染布的头一天，将需要印染的棉布用温水打湿，放进染缸里半个小时，然后拿出来，晾在缸上的架子上，染料水依然滴进缸里，等到晾干以后便用清水洗，洗的方式是轻轻地拍和冲洗，一天重复4—5次，然后第二天重复这道工序。一般而言，如果一块要蜡染的布容易上色的话，2—3天便可以结束印染的过程，如果上色不好，则需要6—7天。梭戛苗人认为棉布是比较好上色，而麻布就要差一点。等到布被染得颜色渐渐深了之后，便可以用开水烫掉防染材料蜡，于是花纹就出来了。

三、梭戛苗族蜡染的种类与变迁

梭戛苗族蜡染工艺分为黑白蜡染以及三色套染两种，也就是说除了最常见的蓝白蜡染之外，还有一种被称为三色套染的传统蜡染工艺，这种蜡染可以把服饰蜡染成蓝、红、黄三种颜色，加上布本身的白色一共是四色，色彩斑斓。据调查，在贵州省，与六枝特区交界的普定、织金、纳雍等县的苗族中，也有使用这种彩色套染工艺的人群，然而在全国范围内使用这种蜡染方法的人口非常少。

彩色套染的工艺，是按一般蜡染的方法，先染成蓝白两色，漂净晾干以后，再在白色的地方填上红、黄色彩。几十年前，在彩色蜡染时，梭戛苗人首先将布按照蓝白蜡染的流程染成蓝白两色，然后去街上购买黄色与红色两种染色粉末，用小木棒裹上布蘸着黄色粉末开始在蜡染布上画，等黄色干透之后，再将红色粉末用另外一根木棒画上去。也就是说，蓝色花纹是用"蜡去花现"的方法制成的，而红色与黄色都是在制作好的蓝白色蜡染布上进行填充而成的。在这个填充的过程中需要注意的是：先染黄色的，再染红色的，如果先染红色的就会染到这个蓝色的底色。梭戛苗人彩色蜡染时使用的红色和黄色染料都是从附近集市上买来的粉末，然后加入适量的水，从而形成的。据她们讲，从前，这些黄色红色粉末都是非常昂贵的，一次只用一点，然而那个年代这些粉末到底是由什么制成的，我们已经无从而知了，不过据推测应是天然的矿物染料或者植物染料。在20世纪70年代以后，梭戛苗族女性不再使用这种天然红色粉末，而改用从附近市场上买来的红墨水了。

现在梭戛苗族已经很少进行彩色套染了。在访谈中得知，他们弃用彩色套染是由于这种多色蜡染太黯淡，不亮。实际上，彩色套染的式微并不是技艺的失传和落后而导致的，它之所以在梭戛苗族的服饰制作中慢慢消失，更多是因为梭戛苗人的审美随社会经济状况变化而产生的变化。在以前，梭戛苗族的大部分女性身上穿着的都是蓝白二色的蜡染服饰，只有富裕些的人家才能制作具有三种颜色的套染服饰。因此，在当时梭戛苗人的心目中，彩色套染服饰是富贵的象征，穿着彩色套染的衣服是梭戛苗族女性的愿望。后来，在大家经济条件都得到改善后，以前做不起彩色套染的衣服的人家也开始购买染料进行制作。于是拥有彩色套染衣服的梭戛苗人越来越多，在彩色蜡染成为比较普遍的服装之后，审美趋向又发生改变。梭戛苗人逐渐发现在雾气迷漫的高山上活动，要想让自己醒目，服饰的颜色是否丰富并不重要，因为色彩丰富反而使得花纹在白雾中并不明显，而去掉黄色与红色后的黑白蜡染服装在这种环境下更为醒目，自己精心勾画的纹样也更加突出，与前者相比较，后者在视觉上比前者无疑要清爽得多。就这样，新的流行出现了，蓝白两色蜡染在服装制作中越来越广泛，成为目前我们看到的梭戛苗族传统服饰的主流蜡染颜色，而彩色套染技术逐渐少有人用了（图2-7）。

我们可以看到，审美的改变造成了一些传统技艺的丢失，然而更大的缺失可能是整个蜡染工艺的丢失，在当前的全球一体化的背景下，梭戛苗族再也不是封闭状态下的男耕女织的生活状态了，他们现在和其他地区的农民一样出门打工，不再投入大量的时间制作并不能换来经济价值的传统民族服装上面，他们可以赚钱来购买衣服，蜡染的工艺也面临着失传的危险。所以记录梭戛苗族的传统工艺也成为我们一项重要的任务。

红黄蓝三色套染

红黄蓝三色套染

红蓝二色套染

黄蓝二色套染

蓝白二色套染

图2-7　各色蜡染

第二节　梭戛苗族刺绣技法的种类与风格变迁

刺绣又名针绣、绣花，指用各种颜色的丝、绒、棉、麻线在绸缎、棉、麻布等材料上，借助手针的运行穿刺，构成花纹、图像或者文字图案。作为织物纹样制作的三种工艺（绣、染、织）之一。

刺绣在中国的历史非常悠久。据《尚书注疏·卷四·益稷》记载："予欲观古人之象，日、月、星辰、山、龙、华虫，作会，宗彝、藻、火、粉米、黼黻，絺绣，以五采彰施于五色，作服，汝明。"[①]蔡沈《书集传》注："日也、月也、星辰也、山也、龙也、华虫也，六者绘之于衣。宗彝也、藻也、火也、粉米也、黼也、黻也，六者绣之于裳。所谓十二章也。"[②]（图2-8）从这些文献中我们可以知道我国的刺绣工艺应是始于史前时期的帝舜时代，从"黄帝、尧、舜垂衣裳而天下治"开始，服饰就已经纳入礼的范畴。到了周朝设置官名司服，"掌王之吉凶衣服"，冠服制度已逐渐完备了，十二章绣衣后来成为华夏部族首领以及历代皇帝从事重大庆典以及祭祀活动时候的礼服，成为中华礼文化的重要组成之一。据考古发现，在1976年陕西宝鸡出土西周时期的陶片上，已经出现了以辫绣针法绣成的刺绣痕迹，这时的刺绣主要是以色线辫绣出花纹的轮廓。战国时期，绣品仍以辫绣为主，个别部位间以平绣，刺绣工艺日益成熟。到了汉代，中国的刺绣工艺已经伴随着丝绸，沿着丝绸之路走向世界。唐代的服装刺绣开始盛行，据《旧唐书》载，唐玄宗与杨贵妃时期"宫中供贵妃院织锦刺绣之工，凡七百人"[③]。到了宋代，刺绣已经渗透到百姓生活的方方面面。

---

①　《钦定四库全书荟要·尚书注疏》，吉林出版集团有限责任公司2005年版，第103页。

②　（宋）蔡沈注：《书集传》，凤凰出版社2010年版，第34页。

③　（后晋）刘昫等：《旧唐书》第二册，陈焕良、文华点校，岳麓书社1997年版，第1328页。

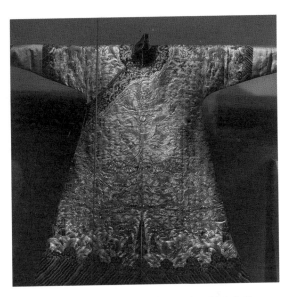

图2-8　沈阳博物馆藏带十二章纹样的龙袍

苗族刺绣艺术是中国刺绣文化的一个重要组成部分。而苗族刺绣文化又深受其他民族的影响。司马迁曾在《史记》中论证了三苗、蛮夷与荆楚的关系，许多当代学者论述过苗文化与楚文化的关系，如俞伟超提出"楚人与三苗先祖是同源的"[1]，李建国与蒋南华在《苗楚文化研究》一书中更是对其有着详细的论证。[2] 在1958年长沙战国楚墓考古中发现了墓棺内四壁裱贴了刺绣，1972年长沙马王堆西汉古墓出土的40件绣衣震惊国内外，这些精美的楚绣也印证了与其渊源甚深的苗族曾经的辉煌。

一、刺绣用具与材料的变迁

梭戛刺绣常用的用具有针与针筒、荷包。据考古发现，山顶洞人就已经会使用骨针，针是缝制以及刺绣的重要工具。梭戛苗族女性的腰上经常

---

① 俞伟超：《先楚与三苗文化的考古学推测——为中国考古学会第二次年会而作》，《文物》1980年第10期。

② 李建国、蒋南华：《苗楚文化研究》，贵州人民出版社1996年版。

系着一个小的竹筒针囊，大中小号的针都装在里面，用的时候只要倒过来拉开线就可以取出使用（图2-9）。由于梭戛苗族女性一般都戴着毡围，所以很少有人看到这个针筒。荷包是装彩线以及绣片的，挂在脖子上，隐在青黑色羊毛毡围后面，一般也看不到，但刺绣的时候可以很方便地取出彩线以及绣片。

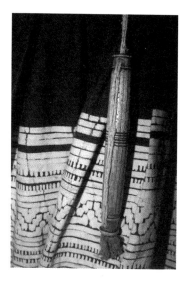

图2-9　针囊

她们刺绣的用具多少年以来并没有发生改变，然而刺绣的材料却不停地变化着，并因此又影响了刺绣工艺的发展。现在梭戛苗族女性刺绣工艺常用的材料有麻布、棉布、化纤布、彩色棉线、彩色混纺毛线等。

在20世纪70年代之前，棉布与棉线非常缺乏，梭戛苗族女性用自己制作的麻线染成靛蓝色，间以白色，在白色麻布上刺绣，所以那个年代的绣花衣主要为蓝白两色，目前已经见不到实物样品了。在当时，彩色刺绣品也存在，只是非常罕见。彩色刺绣品需要买来黄色、红色染料，自己将麻线染色然后刺绣而成，整体颜色比较黯淡。在布票出现之后，寨子里的女性逐渐开始用彩色棉线在棉布上刺绣，这样制成的图案非常细致，而且相比于以前自己染的麻线颜色明亮了很多。随着生活条件的好转，她们的刺绣技术随着材料的改进而进步，以前作为嫁衣的刺绣服饰上绣片只有几片，到彩色棉线出现后，绣片的面积越来越大，到后来形成了全刺绣的嫁衣。这种制作工艺的复杂化其实也发生在其他工艺品上，笔者在考察景德镇陶瓷、山东潍坊风筝、山东高密年画的时候听到老艺人描述了这种现象，即在生活水平提高以后，人们对于工艺的需求也提高了，也就需要更细致更漂亮的工艺品。这时，审美的功能会成为工艺的主要功能，一些原有的功能却逐渐因为失去土壤而消失不见了。

在20世纪80年代之后，集市上出现了一种新的刺绣用线材料，即彩色的开司米细毛线，这是一种比较细的混纺毛线，但是比起棉线来要粗许多。梭戛苗族女性采用了这种材料来制作女童的绣花衣。在梭戛苗族的生活里，每个女童都需要母亲制作绣花衣服来打扮得漂漂亮亮的，如果哪个母亲发懒，给自己的女儿穿没有绣花的蜡染衣服就会被整个族群的人耻笑。然而用彩色棉线刺绣要花费大量的时间，而且女童一般身高变化比较快，今年做的明年就不能穿了，用当地人的话来讲就是"太不划算了"。自从彩色开司米细毛线出现后，母亲们发现用这种毛线刺绣起花纹来要比棉线刺绣省时间得多，所以渐渐地，女童身上的绣花衣由彩色棉线替换成了彩色的细毛线。不过，梭戛苗族女性结婚时所穿的绣花衣服，仍然是由彩色棉线一针一针细细制成的。

在20世纪90年代梭戛苗族生态博物馆建立之后，梭戛苗族女性除了继续使用棉麻布以外，又引进了一种新的布料，那就是彩色化纤布料。这种布料的特点就是线比较粗，刺绣的时候比较容易数纱，而且非常省工省时。这种布料出现的原因是在梭戛苗族生态博物馆建立之后，大量的游客以及专家学者来到此地后需要购买纪念品，于是利益的驱动使得一些梭戛苗族女性不再低价出售自己成本较高的在棉布上进行细纱刺绣的作品，而是改成售卖由化纤粗纱为材料的刺绣工艺品。

二、梭戛苗族的刺绣技法

苗绣被广泛使用在服装以及配饰上面，在梭戛苗族男性服饰中主要用在服装的衣领、袖口、口袋、衣摆、围腰上以及腰帕、手电筒套和伞套等配饰上；在梭戛苗族女性服饰中主要用在衣领、衽襟、袖子、袖腰、衣肩、衣背、衣摆、裙子、腰帕和鞋子上（图2-10）。此外，背扇又称为背儿袋（图2-11），也是苗绣装饰最多的用品。苗族的刺绣技法是非常丰富的，不同的支系在不同技法上各有所长。综合各支苗绣，其技法大致有12类，即"平绣、挑花、锁绣、堆花、贴布、打籽绣、破线绣、钉线绣、辫绣、绉绣、锡绣、马尾绣等"[①]。梭戛苗绣采用的技法相对较少，常用的技法是平绣、挑花以及辫绣三种。由于使用不同的绣法可以形成不同的风格的图案，黔东南苗绣的技法相对于梭戛苗族来说要丰富得多，所以在造型上多采用形象性图案，如鱼龙等（图2-12），而梭戛苗族服饰的刺绣纹样则主要为古朴抽象的几何形图案。

图2-10　梭戛苗族女式刺绣衣

图2-11　背儿袋

---

① 　杨正文：《苗族服饰文化》，贵州人民出版社1998年版，第235页。

图2-12　黔东南鱼龙纹

（一）平绣技法

平绣技法（图2-13）在其他苗族支系里面广泛应用，然而在梭戛苗族常用的刺绣技法中，却是最少用到的一种。平绣技法在梭戛苗族服饰中，多用于老年女性鞋上的绣花以及年轻姑娘及女童的日常蜡染服饰的填色。通常意义上的平绣一般是布料上绘制图案或者贴好剪纸样子之后，以平针走线构图的一种绣法，而梭戛苗族的平绣却完全不同于此，梭戛苗族的平绣一般可以称为填空，因为梭戛苗族通常将平绣运用在蜡染布的图案上，用以填充颜色，所以根本不用绘制图案，同时由于这是近年来梭戛苗族女性在服饰上面进行的尝试，她们的平绣一般比较杂乱，并不平整，不过填充颜色的确使得蓝白两色的日常服饰变得漂亮了许多。

（二）挑花技法

挑花技法（图2-14）是梭戛苗族刺绣常用的三种技法中最主要的技法。男女服饰的最主要的刺绣部分都是运用这种技法的，它的特点是不用事先画好图样，而是用指甲画好大概的尺寸后，凭记忆与想象依据布料的经纬线入针绣成图案，具体又分为平挑与十字挑两种基本技法，像平绣一类的刺绣方法则需要准备剪纸图样，然后根据图样进行刺绣。有的研究者将挑花中的平挑称为数纱绣或者纳锦绣，以区别交叉运针的十字挑花技法。数纱绣是根据布料上面的经纬线的结构，以平行线构成图案；而十字挑花法则是根据布料上经纬线的结构，以 × 形构图。彩色挑花的步骤一般是先用白线挑好大致轮廓，然后用其他颜色依次填补，最后绣满整块绣片。梭戛苗族女孩一般从五六岁就开始学习这种技法，练习在布料上面缝制嘎都、嘎塞、松太①等由十字针法组成的最简单的图形，随着年龄的增长逐渐可以缝制更为复杂的十字挑花。

图 2-13 平绣填色围裙

---

① 梭戛苗族对于三种元素纹的苗语称呼。

(三)辫绣技法

辫绣技法(图2-15)又称为盘花,先根据需要选好色布,裁成细条,缝成灯芯状的辫料,然后才再将彩线编成辫带,然后在需要装饰的部位上盘出花样,牵滚成连续波纹、云纹、菱纹等,颇有立体感,是一种装饰性很强的工艺。这种技法在梭戛苗族女性这里有着独特的运用,总是结合着蜡染图案进行刺绣。总的来说,在梭戛苗族的刺绣技法中,辫绣技法运用并不广,一般只用于丧葬中女性死者的鞋子以及刚刚出生的婴儿的帽子上面,不过现在这种绣法也出现在挎包上。由于这是特定时期服饰制作使用的技法,所以年轻的梭戛苗族姑娘们一般都不会,在结婚后才开始学习这些针法给小孩做帽子。

图2-14　挑花绣　　　　　　　　　图2-15　辫绣帽子

与其他苗族分支将平绣、辫绣、绉绣、破线绣、打籽绣等多种技法综合运用在服饰上不同的是,梭戛苗族的刺绣技法比较单一,以挑花为主,少量运用辫绣与平绣,所以我们在梭戛苗族的寨子里可以看到的绣花衣服多为挑花技法制作的衣服，不过在挑花技法里面的平挑以及十字挑两种基本技法中，最广泛使用的是后者，几乎所有的图案都有由 × 组成，一块绣片由成千上万的 × 组成。数千年来，梭戛苗族服饰上几何形图案稳定地保持到现在或许跟这单一的绣法有着极大的关系。

第三章

苗族服饰纹样的符号造型与文化阐释

纹样是一个民族的文化标记。梭戛苗族服饰上无论是刺绣纹样还是蜡染纹样都是我们难以辨别的几何形纹样，而这些几何形纹样却构成了其民族服饰的灵魂。首先，许多研究者都称苗族人的服饰就是"穿在身上的史书"，其实，能使服饰有这个称号的最重要的原因就是纹样。在苗族古歌和一些传说中，苗族服饰上的纹样就是其祖传的文字。据我们的调查，这种文字所记载的是其非常丰富的精神世界以及物质生活。其次，服饰是一个族群认同的重要标志，在族群内部更小的群体乃至个体之间的认同或区别就是依靠服饰上的纹样。最后，从审美角度说，人们是通过视觉来感知服饰纹样所负载的各种符号功能的，其感知的对象是形，通过感知形来知道其所指。这样，作为符号的纹样同时需要富有美感，给人愉悦的享受。无论是蜡染纹样还是刺绣纹样，其造型以及色彩都对一种服饰的风格具有决定性影响，通过几何纹样的物理结构表现而产生的主体审美意味，我们称之为服饰纹样的美学功能。在本章中我们将探讨梭戛苗族服饰纹样的本质，以及服饰纹样如何通过造型构成一个包含形式与意义的视觉艺术符号系统的。

第一节　梭戞苗族服饰纹样的艺术符号本质

纹样是装饰花纹的总称，又称花纹、花样，也有泛称纹饰或者图案的。从其艺术本质来说，它必须附存于工艺品或者工业品的本体。梭戞苗族服饰的几何形纹样就附存于服装以及配饰上。我们知道，几何形纹样在世界各国原始纹样中具有普遍的性质，是共同的工艺文化现象。就我国来说，在新石器时代，几何纹样就出现在各种各样的彩陶上。这些几何纹样既包括几何形纹，又包括动物植物等经过简化或者抽象化了的具有几何形态的纹饰。在原始文化阶段，几何纹具有它重要的生活意义，它由人对自然现象的认识中得到初级的提炼，具有符号的性质。那么梭戞苗族服饰上的几何纹样又是怎样的呢，如果说它也具有符号的性质，那么它又怎么构建着梭戞苗族的文化呢？

在考察中我们发现，陇戞寨的生活生产用具、建筑上都没有纹样特征，所有的纹样都集中在梭戞苗族的服饰上。究其本源，这是梭戞苗族重要的文化特质的再现，它不仅能够标示是哪个民族，还能区分支系的亲疏关系，最重要的是它还有记录的功能，是梭戞苗族最重要的记录方式，记录着其物质生活和文化生活中最重要的一些特征。

这里的艺术符号指的是不同于语言符号的特殊的视觉符号形式，即具有符号功能的民间艺术品。艺术符号的概念自从苏珊·朗格在《情感与形式》一书中提出后，就一直是美学界长期争论的话题。苏珊·朗格认为许多人对艺术符号存在两种误解：一种是把艺术符号理解成将艺术当成了一种纯粹的语言或语言符号看待；另外一种是把艺术符号混同于艺术中所使用的符号，即肖像学家和现代心理分析家们所说的那种符号。[1] 当然，苏

---

[1]　苏珊·朗格于1955年在奥斯丁·雷格斯精神病学研究中心的讲演，转引自蒋孔阳主编《二十世纪西方美学名著选（下）》，复旦大学出版社1988年版，第49页。

珊·朗格所提出的这个艺术符号是建立在"fine art"（纯艺术）的基础上，与人类学家提到的艺术并不完全相同，但是她有关艺术符号的探讨对我们这里提到的艺术符号也有很大的启发作用。艺术符号系统的特殊性在具有独特的能指和所指。艺术形象为艺术符号的能指，而形式所传达的情感与记忆则是所指，它们的结合构成了艺术符号。从这个角度说，梭戛苗族的服饰纹样本质上可以说是艺术符号。

第二节　梭戛苗族服饰纹样的类型与生活原型

梭戛苗族女性的服装与配饰上的几何纹样，乍一看颜色款式差不多，仔细看竟有很多固定的元素和千变万化的地方。在梭戛生态博物馆的资料集上有一个关于苗族用刺绣来绣字的传说，讲的是很久以前梭戛苗族有着自己的文字，那时候女人非常的聪明，于是男人就把记录文字的任务交给女人，女人就把这些文字绣在衣服上，谁知道时间长了，女人记不清文字的意思，于是这支苗族服饰上的花纹符号仍然在，然而没有人认得了。这或许只是个传说，但却也提出了一个可能性，即纹样即是其记载民族历史的文字。

梭戛苗族的服装纹样可以分三类。第一类是基本形纹，它是服饰整体纹样的风格基础。第二类是元素纹，这是梭戛苗族历代女性从生活中提炼的纹样，有表现动物、植物，还有用具、建筑，乃至宗教生活等方面内容的各种几何纹样。这些纹样验证了艺术符号的一个重要特征，那就是通过物体引起一系列对宗教生活的回忆，这种回忆出现的幻象又唤醒整个族群向心团结的情感。第三类是作为个人的标志与族群的标志的隐形纹。每个女性都有自己喜欢的隐形纹，然而千变万化的隐形纹后面是族群自古不变的十字原则。所以，千变万化的隐形纹成为个体的标志，而万变不离的"十"则成为其族群的标志。

一、决定纹样风格的基本形纹

梭戛苗族女式服装的名称只有三种，即欧、阿苏、莫边（图3-1）。
这三种服装的名字就是依据背片的基本形纹来命名的，由于刺绣和蜡染表
现形式不同，所以一个纹样会显示出来不同的效果。欧，在苗语里面是犬
叫的意思，以弧形线为标志，在背片上以四个弧形构成一个基本单位成为
四方连续，在其他部位以一个圆形弧作为一个基本单位。阿苏，意思是芦
笙眼纹。是由四个花瓣形围着一朵小花为一个单位。莫边，是由四个长方
形组成一个单位，每个长方形边上带锯齿且中心有十字。阿苏在刺绣纹样
中组合起来则被称为得黑。一件梭戛苗族女性的服装的风格就取决于背片
的纹样，如果是欧的服装，则欧这个基本形会成为尾片、臂片、领片、袖
片、襟片的主体纹样的基本形；如果准备做件莫边的衣服，那么身上各个
部件的基本形就会是莫边。这并不是说每个梭戛苗族女性穿欧、阿苏或者
莫边的蜡染服装纹样都是一模一样的。为了不使画面单调，主体旋律定下
来之后，中间填空就稍微自由一些，一般是用狗耳朵纹来填空，周围用牙
齿纹、爬蛇纹、杠道以及斧头背等形成装饰纹，这种组合以及留出空白的
位置都比较主观，由制作者自己控制。

a 刺绣　阿苏
b 蜡染　阿苏
c 蜡染　莫边
d 刺绣　欧
e 蜡染　欧
f 刺绣　莫边

图3-1　三种基本形纹

不过一般来说，上装的尾部即尾片以及小尾片上的纹样相对来说比较丰富多彩，各种传统元素纹样都可以自由组合出现，体现制作者的审美情趣以及风格。因为蜡染与刺绣是两种不同的表现形式，所以同样的纹样在视觉上会给我们不同的感受。

二、能唤起民族情感与记忆的元素纹

元素纹指的是构成服饰纹样众多组成部分的单位纹样，这些纹样一般都是有名称、有内涵的，可以说是非常典型的"有意思的形式"。例如各种动物纹、植物纹、工具纹等。元素纹多采用二方连续或者四方连续的排列方法。总的来说，梭戛苗族的纹样排列方式为满地图案，即将纹样分布得很密，露地很少，有丰富多彩的效果。

在这众多元素纹中，按其使用位置又分主体纹与辅助纹，辅助纹一般特征为纹样较小，主要对主体纹样起装饰作用，使用比较自由。例如牙齿纹、蛇纹、羊角纹、斧头纹、大牛眼睛纹、狗耳朵纹、苞谷种纹等（图3-2）。一般来说，服装上的刺绣或者蜡染块都是封闭式的，也就是说有个封闭的轮廓线将四方连续与二方连续框起来。牙齿纹与斧头纹是最常见的边框所运用的纹样。

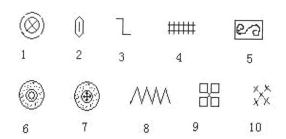

1.鸡眼睛纹 2.狗耳朵纹 3.小羊纹 4.牙齿纹
5.羊角纹 6.小牛眼睛纹 7.大牛眼睛纹
8.蛇纹 9.斧头纹 10.苞谷种纹

图3-2 元素纹

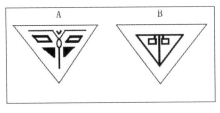

旗子纹

巢居纹

地花纹

图3-3　三种古老形纹

若以其存在现状进行分类，梭戛苗族服饰上的主体纹基本可以分为两类，一种是逐渐消失的古老纹样，只出现在老年人收藏的以前的服饰上面，现在因为不时兴所以逐渐被年轻人所淘汰。另外一种是仍然具有旺盛生命力的传统纹样，并且产生了一些微小的改变。为什么同样作为传统纹样，一部分渐渐消失，而另一部分却非常有生命力呢？

这些逐渐消失的古老的纹样，一般由多个纹样元素组合在一起，具有浓重的历史印记，现在这种纹样已经不多见，寨子里的老人们也只能依稀记得点这些纹样的代表含义（图3-3）。例如旗子纹，主要由直线、三角形及正方形组成，直线象征旗杆，左右两个正方形象征两面旗帜。这可能是以前苗族出战时候用的旗帜。由于制作者不同，配色可能略有不同，所以不同的服装上面的旗子纹的颜色并不完全相同，但是大体呈现梭戛苗族女性喜欢的红色。再如巢居纹，这种纹样在一个单位图案中呈对称性，再细分为三种图案，第一种是树杈，用下面两条左右伸展开来的黑色条纹表示树杈，第二种是树杈上有四片树叶，第三种是空中四个鸟形图案，据老人讲树杈花配小鸟花才说明那是树杈，在树杈的上面铺一些树枝树叶可以住人，有小鸟表示人住在很高的树杈上。这或许就是梭戛苗族先人曾经居住在树上的记录吧。再如地花纹，由曲线、方形以及 × 构成，其中方块表示田地，×表示田里结的果子，曲线表示梯田，这个花纹包含了关于开垦田地的信息。梭戛苗族先人创造的几何图形以简洁、单纯、丰富的想象给他们的生活带来无比丰富的内涵。然而年轻的姑娘们并不知道这些复杂花纹的意思，而且随着花纹象征的物品的消失以及古老生活的远去，绣的人也越来越少了。

现在另外一种仍然具有旺盛生命力的传统纹样，大量出现在梭戛苗族女性的服饰上。与上一种花纹不同的是，这种花纹描述的内容仍然与梭戛苗族当今的生活紧密相关。这些纹样大体可以分成四类：动物纹、植物纹、工具纹、人形纹，以及与人的生活有关的其他纹样。

（一）动物纹

动物纹中最常见的有小牛眼睛纹、大牛眼睛纹、小狗耳朵纹、鸡眼睛纹、羊角纹、老蛇纹、爬蛇纹、双蛇纹、小蛇排纹、十字马蹄纹、毛虫纹、蚂蚁纹等。在这些花纹里面除了蚂蚁纹与毛虫纹是整体外，其他几种花纹都是以局部来象征整体，小牛眼睛纹象征了牛，鸡眼睛纹象绣了鸡等。那么，到底狗、牛、鸡、羊、蛇、虎、马这些动物对梭戛苗族的生活有着怎样的意义呢？

1.狗纹

梭戛苗族服饰上的狗纹主要是以小狗耳朵纹来代表整体。狗对于苗族有特殊的意义，梭戛苗族把象征狗的狗耳朵纹绣在服饰上，及其上装前长后短的狗尾衫，是表达他们对自己祖先的一种铭记。湘西、黔东北以及邻近的川东、鄂西地区的部分苗族先民奉盘瓠，即狗，为自己的祖先，梭戛苗族也是如此（图3-4）。在现实生活中，梭戛苗族与狗的关系也十分密切，我在寨子里就听到一个说法，丧葬仪式上有的人在绕嘎的时候最终"呼呼"地叫，是因为梭戛苗族祖先曾经以狩猎为生，"呼呼"的声音是呼唤自家的狗。

图3-4　寨子里的儿童和狗

2.牛纹

牛纹是梭戛苗族服饰几何花纹中主要的纹样元素之一。在梭戛苗族服饰上出现的与牛相关的纹样是大牛眼睛纹与小牛眼睛纹，由简单的点、圆、十字组成。大牛眼睛纹与小牛眼睛纹的区别是大牛眼睛纹里面是个十字，寨子里的老人告诉我们这个十字代表大牛眼睛放出来的光，小牛眼睛里面有两个圈。牛在这支民族的生活中更是有重要的意义（图3-5）。苗族是一个古老的农耕民族，在其长期的农耕生活中，与牛结下了特殊的情感，至今苗族各个分支仍保持着对牛的敬爱与崇拜心理。过去，在梭戛苗族的葬礼上，即老人"成神"[①]的时候，其女儿及侄女都需要牵牛来杀以陪伴老人去追随祖先，不管多穷也必须想尽办法买到牛来祭祀，以表示对死

———————————

① 梭戛苗族把人去世称为"成神"。

者及祖先的敬重。在《苗族简史》中提到苗族人的族属渊源，和远古时代的九黎、三苗、南蛮有着密切的关系。而九黎部落的首领是蚩尤，《史记》中提到"蚩尤有角，牛首人身"。可能牛纹就是梭戛苗族在服饰上表达对祖先的一种崇拜与记录。从梭戛苗族的头饰上我们能看到水牛角的模仿，牛眼睛纹也应该是象征水牛。然而现在的梭戛苗族由于居住在高山上面，所以家家养的都是黄牛。环境改变了，纹样与头饰仍然保留下来，给了我们一个了解其祖先的线索。

图3-5　寨子里的人和牛

3.鸡纹

鸡纹也是在梭戛苗族服饰上出现的比较普遍的纹样元素，由圆与 × 组成。鸡眼睛纹与牛眼睛纹不一样的是两个圈的中央是个 ×，照样是以局部象征整体。在梭戛苗族的思维中，眼睛是生命的标志，人和动物的眼睛都是睁开可以发出光芒的，一旦死去就会黯淡无光，所以祖先用牛眼睛来代表牛、鸡眼睛代表鸡，用他们觉得动物身上最有代表性的东西来象征整体。在中国传统文化里，鸡与吉谐音，大鸡被视为大吉，是阳性的象征，人们认为太阳的升落与鸡有关，雄鸡一鸣，太阳驱散阴霾。鸡在梭戛苗族的生活中有着什么特殊意义呢？第一，当作祭品。梭戛苗族的最重要传统节日之一就是祭山，祭祀时需要用鸡血及其羽毛涂抹在神树上。第二，用于招魂。据说公鸡以其驱邪通天的神性，可以引死者平安抵达极乐世界。具体做法是老人"成神"打嘎（图3-6）的时候，后辈在安放棺木时，将一只公鸡置于棺下，称开路鸡。第三，用作鸡卜，即以鸡骨占卜（图3-7）。过年的时候家家要杀鸡、看鸡卦，看这家人一年中的运气。鸡卜者亦是取吉之谐音，谓求吉也。唐代大诗人柳宗元在柳州任刺史时，见当地人都用鸡骨占卜年景丰歉，于是在《柳州峒氓》中写下了"鸡骨占年拜水神"的诗句，为古人的鸡卜习俗留下了文字依据。鸡卦还是旧时决定梭戛苗族年轻男女能否结婚的重要力量。在青年男女自由恋爱后，男方去女方家提亲，女方要杀一对鸡看鸡卦，看这两个年轻人能不能在一起，如果得出的鸡卦不好，两个人只能分开。第四，作为待客的最高礼遇。梭戛苗族家来了客人就会宰鸡招待，其中鸡的头会给最年长有威望的人食用。

图3-6　打嘎仪式

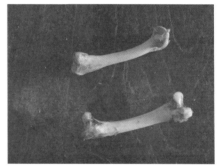

图3-7　鸡卦

4. 羊角纹

羊角纹是梭戛苗族女性服饰中领片上最常用的一种花纹，同样是以最典型的羊角来象征整头羊。它以左右延伸开的两个小钩表示羊角，又被梭戛苗族女性称为钩钩花。她们告诉我们，这个钩钩花的钩就是梭戛苗族女性脖子上佩戴的铜项圈上面的那个钩，也就是说梭戛苗族女性的项圈同样是用来象征羊对于梭戛苗族的重要性的。羊也是一种祭祀祖先的牲畜，在老人"成神"的时候，死者的侄女如果实在牵不出牛来可以改为牵羊前来参加打嘎仪式。此外，梭戛苗族在包坟的时候也需要用到羊。包坟就是在老人去世几年后给老人的坟上加土，表示给老人盖房子。在访谈中我们得知了包坟的讲究，"一般是三年包一次，在清明的时候要用羊来祭祖先，羊比猪贵；再三年后还用羊祭，如果这个时候实在拿不出羊就可以用猪代替，再过三年后就可以用鸡来祭。但是每次还是尽量用羊，实在用不了羊就用猪，如果猪也出不起可以用鸡"。现在在陇戛寨，养羊的人并不多，需要用羊来祭祀的时候还需去集市上购买，不过羊角纹并没有因为梭戛苗族不再兴养羊而消失，而是随着这支民族对祖先的敬重在服饰中继续保持下来。

5. 蛇纹

在梭戛苗族服饰纹样中，蛇的表现形式似乎是最多的一种，有老蛇纹、爬蛇纹、双蛇纹、小蛇排纹等。有的是用一条曲线来表示爬行的蛇，有的则是用三角形来表示蛇头，以蛇头来象征蛇。自古以来，人们对蛇都有一个来无影去无踪的神秘印象。神秘导致人们对蛇的敬畏。上古，人们对蛇的危害和威胁无能为力，人们把它当作神来敬仰和崇拜。神秘带来的是种种禁忌。我国各民族都有各种蛇的禁忌。陇戛寨这里以前到处是黑色箐林，到处是参天大树，地上灌木丛生，生活着各种虫和兽，其中蛇最多。梭戛苗族的祖先披荆斩棘，千辛万苦生存下来，所以蛇在服饰上成为回忆其祖先艰苦生活的一个缩影。在梭戛苗族的旧观念里面，蛇是死去祖先派来的使者，如果祖先发现主人家将有不好的事情发生就会派蛇来通知。所以一旦有蛇进家就将蛇抓住拿到山上去烧，看蛇死的时候的形状，如果蛇是弯曲的说明祖先需要钱，或者说明主人家最近可能要失点财，例如丢牛、丢鸡这一类，这是预告小事要发生，烧点纸钱就可以度过；如果蛇被烧死后是直的就是大凶，预示着家里要出人命，没有办法避免。

6. 虎纹

老虎在梭戛苗族的服饰上以老虎爪的形式出现，是由五个正方形组成的，非常接近方形梅花印，多出现在男子上衣的领口、袖口以及荷包上。将老虎绣在衣服上一方面是纪念自己祖先在豺虎横行的大箐林中披荆斩棘的生活，另一方面是寄希望于男子能与老虎一样威武雄壮。

7.马蹄纹

这就是被称为欧的纹样，由半圆形与十字组成，也是所有纹样中最为复杂的一个花纹，出现在男子跳坡服饰中的刺绣围腰上以及女子嫁衣的大尾片上（图3-8）。据老人们讲，将马蹄纹绣在服饰上是女性们为了纪念苗族祖先骑马长途迁徙而来。在《苗族服饰与民间传说》一文中提到，"古时候，苗族居住在北方，后来跨过黄河、越过长江，向南迁移。在迁移的时候，哥哥骑马走在前，那马鞍垫上的图案是由许多双双交叉着的箭头组成的，这就是滇东北、贵州威宁一代苗族披肩上的图案。服饰上有了这种图案，箭射不进，有驱邪恶、保平安的作用"[①]。同样在黔西北地区的苗族，纹样有着相似的传说与意义。我们在梭戛苗族的酒令歌里也找到了关于欧的传说。

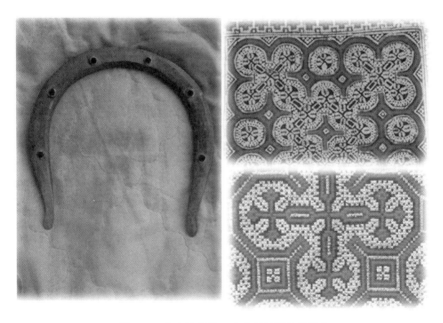

图3-8　左为铁马掌，右为刺绣蜡染马蹄纹

---

① 何晏文：《苗族服饰与民间传说》，载《民族志资料汇编（第二集）》，贵州民族志编委会，内部资料，1986年。

……

诺依母兹说，是谁的力气大？

只有兹诺的力气大，

兹诺才能砍动阎王的那个天梯。

是谁的力气好？

是兹诺的力气好，

兹诺才让阎王的那个天梯人人都能走通。

是谁的心不好？

是兹麻的心不好，

兹麻走到了阎王殿的大门口。

是谁最聪明？

是阎王殿的鼓母普雷兹（女名）最聪明。

由于兹麻的良心不好，

在一个黎明，

他把鼓母普雷兹杀在了阎王殿旁。

她的肉体开始腐烂，

血到处流动，

她的血液打湿了她背上的蜡染布。

阎王老爷看见了，感觉很痛心，

于是他就把这块蜡染布剪了下来，

白天发出的光是红光，

黑夜发出的光是绿光。

于是阎王老爷就向人类发出了通知，

通知这人间所有的聪明人去学。

她们学不了，

于是个个都哭了，

喊人间的许多聪明人去画。

她们画不了，

于是个个都泣了，

她们只学会了其中的一朵花，

于是这朵花成为她们背上的一朵蜡染花，

这朵花的名字叫作欧。

有许多聪明人才学会了画一朵花，

她们把这一朵花制成了裙腰上的蜡染花。

哟——

诺依母兹说，是谁的力气大？

只有兹诺的力气大，

兹诺才能砍动阎王的那个天梯，

是谁的力气好？

是兹诺的力气好，

兹诺才让阎王的那个天梯人人都能走通。

是谁的心不好？

是兹麻的心不好，

兹麻走到了阎王殿的大门口。

是谁最聪明？

是阎王殿的鼓母普雷兹（女名）最聪明。

由于兹麻的良心不好，

在一个黎明，

他把鼓母普雷兹杀在了阎王殿旁。

她的肉体开始腐烂，

血到处流动，

她的血液打湿了她背上的蜡染布。

阎王老爷看见了，感觉很痛心，

于是他就把这块蜡染布剪了下来，

白天发出的光是白光，

黑夜发出的光是绿光。

于是阎王老爷就向人类发出了通知，

通知这人间所有的聪明人去学。

她们学不了，

于是个个都哭了，

喊人间的许多聪明人去画。

她们画不了，

于是个个都泣了，

她们只学会了其中的一朵花，

于是这朵花成为她们臂上的一朵蜡染花，

这朵花的名字叫作欧。

有许多聪明人才学会了画一朵花，

她们把这一朵花制成了胸布上的蜡染花。

兹哟依哟——

——安丽哲采录，熊光禄翻译

　　总的来说，梭戛苗族服饰上所出现的狗纹、牛纹、鸡纹、蛇纹、羊纹等与动物有关的纹样都是与其祖先有着千丝万缕关系的，例如传说中的狗祖先、蛇使者，还有可以指点死去的梭戛苗族寻找祖先的引魂鸡等。这些服饰上的动物是祖先崇拜的巫术以及仪式上不可缺少的动物。动物纹随着时代的变换并没有消失，是因为其所附着的对祖先的精神一向非常稳定，没有什么变化。正因为如此，动物纹成为一类有特征的纹样，可以引导我们去了解更多梭戛苗族历史上的以及现在的精神世界、信仰世界。

（二）植物纹

这类花纹主要有葵花纹、弯瓜花纹、瓜面纹、苞谷种纹、七枝花纹等，大多是梭戛苗族生活中用以食用的植物或者果实。

1.葵花纹

这个纹样以八个葵花籽形组成一个圆形，四个十字表示葵花的花蕊。葵花纹作为一种主体纹样存在，主要用于女童及新娘服装上的刺绣图案，在蜡染上较少用到。在葵花成熟的季节，常可以看到梭戛苗族儿童手里拿的都是折下来的葵花盘，边玩边往嘴里送。葵花籽曾是梭戛苗族长期贫困生活下儿童及妇女们的零食。

2.弯瓜花纹

弯瓜花纹由十二个椭圆形组成。它在蜡染中出现较多，主要搭配在主体图案的旁边，较多出现在女童的服装上，外面一圈经常用红色毛线填补刺绣。弯瓜是梭戛苗族的食物之一，这个纹样是表示瓜长熟之前在瓜蒂结的小黄花。

3.瓜面纹

瓜面纹呈椭圆形，是模仿菜瓜的横切面，也是一个比较主要的辅助纹样，适用于各个年龄段的女性，较多用作蜡染图案，有时也作刺绣图案的辅助纹样。出现时常并排成一排，也可以呈折线排成一排。

图3-9 晾晒的苞谷种

4.苞谷种纹

这个纹样也是一个非常常用的配纹，由五个小 × 组成。女童往往从学这个花纹开始她们的刺绣生涯。旧时梭戛苗族长期以来住在高山上，除了打猎就是种以苞谷为主的粮食作物，所以苞谷种对他们有着极其重要的意义（图3-9）。

5.七枝花纹

这也是一种主体花纹，主要用作刺绣图案，出现在新娘的刺绣嫁衣上。它由七个瓜子形状的纹样组合而成。关于此纹有两种说法，一种说法是它代表长在山坡上的一种花，有七个花瓣；另外一种说法是代表竹子的七片叶子。这个纹样到底是什么花，我们还无从得知，不过可以肯定的是，这种花与苗族祖先的生活有着密切的关系。

总之，植物纹也是代表了梭戛苗族生活的一个方面，跟动物纹所记录的精神世界不同的就是植物纹记载了他们的物质生活以及生活的环境。

（三）工具纹

这类纹样主要有升子纹、斧头纹、芦笙纹、舂碓纹、犁引纹等。这些都是梭戛苗族日常生产或者生活中非常重要的器具。

1.升子纹

这种花纹很细小，呈十字交叉状，一般为单色，红色或者黑色。共有五个正方形，每个方形代表一个升子。主要作为配纹出现，用于补充其他主体花纹，可以在任何空白的地方进行填充，运用非常灵活。据老人讲升子是以前彝族土司收租时候的一种用具，四方形，上口大，下底小。在陇戛寨很多人家还能见到这种升子，不过不再是用来交租使用的了，而是用于祭祀各路神仙的装粮食的用具。

2.斧头纹

斧头纹是最常见的配纹，可以用在服饰任何空白的地方，以两种方式出现：第一种就是一个小长方形，然后横为一排；第二种是用斜 × 表示斧头柄，小方块表示斧头背，一组四个出现，十分接近升子纹，不仔细辨别容易搞混。梭戛苗族所有的器具都非常简单，性能适应于山地耕作的特点，有半数以上的工具专用于开伐山林，如斧头之类。考察发现，梭戛苗族的许多用具都是用一把斧头砍出来的。大量斧头纹的使用证明着斧头从古到今在其生活中的作用有多么重要。

3.芦笙纹

这种纹样以圆与四边形组成，表示芦笙眼，以此代表芦笙，在服饰上出现的方式同样是以局部代整体。此种纹样用作主体花纹，较多出现在女子服饰的小尾片上。芦笙是苗族最为盛行、最有代表性的乐器，被誉为苗族文化的象征。梭戛苗族就是以这种独特的方式来增强自己民族的凝聚力的（图3-10）。

图3-10　打嘎仪式中的芦笙舞

4.春碓纹

这也是一种十分常见的配纹，就是Z形纹。这个几何图形非常形象地描绘了人在春碓时的场景。如果我们仅仅看到这个Z而没有梭戛苗族老者提醒的话，无论怎样都想象不出这个场景与这个纹样的关系。春碓是10年前梭戛苗族常用的一种将苞谷制成粉末的工具，现在在梭戛苗族的寨子里基本看不到了。不过这段使用春碓的历史被记录在梭戛苗族女性的服饰当中。

5. 犁引纹

这种花纹主要用作主体纹样，出现在梭戛苗族女性嫁衣的大尾片上，由横波浪式曲线与点组成。表现手法仍为以犁的主要部分犁引来代表犁对梭戛苗族的重要意义。犁是长期处于农业社会的苗族人们牛耕生产的主要农具，现在的梭戛苗族进行生产时仍然离不开犁。

此外还有一些不能得到确证的工具纹，例如卡钳纹，在这次考察中并没有找到与该纹样有关的任何信息，只知道它也是一种工具。

工具纹也记载了现实生活中属于物质生活的部分，它将历史上曾经或者一直到今天仍然对梭戛苗族生活有着重要意义的工具进行了记录。

（四）人形纹

在梭戛苗族的传统服饰纹样中不存在形象的人形纹，采用的同样是局部代替整体的手法，如牙齿纹、美口纹等。

1. 牙齿纹

为连续的几字形，也是梭戛苗族服饰图案中使用非常频繁的一种配纹，一般用来做图案中的边框，有时为半圆形，用在欧主题的基本形纹中，有时为方形，用在莫边主题的基本形纹中。

2. 美口纹

为菱形纹路，经常作为主体纹样出现。美口纹比较特殊的是经常要与芦笙眼纹相配出现，美口纹出现在大尾片上，那么芦笙眼纹就作为小尾片的主体纹样。这种特殊的纹样搭配具有特殊的意义，美口纹与芦笙眼纹组合在一起表示人吹起芦笙跳起舞。

（五）其他纹样

房基纹与田地纹：女性背片的整个结构，被称为房基纹，长方形与正方形用来表示苗家故土旧居的房屋基脚为长条石垒砌，里面由直线构成一组组对称的几何图案，周围装饰的牙齿纹、锯齿纹、波浪纹以及杠道表示苗家故地良田千顷、群山环抱。在梭戛苗族的服饰中，我们可以看到不同单位花纹的组合。仔细观察这些古老的几何花纹，都是与梭戛苗族平时的生活息息相关的内容，包含非常丰富的社会历史信息。

在苗族古歌与传说中，曾提到苗族有自己的文字记载，后来在迁徙渡河时不慎掉进水中，苗文从此失传，不过到现在都还有很多关于苗族的刺绣就是他们古代文字的传说。《造字歌》中说："老师写的字，一划成五朵，五朵成文字；通养写的字，一挥成五行，就划成马脚。"[1] 也就是说，梭戛苗族长期以来就是生活在无文字社会中，不过他们的记录方式并不仅仅是刻木记事。

在他们的生活中，有三种记录方式，一种是刻竹记事，一种是结绳记事，一种是通过服饰上的纹样来记事，他们用这三种符号来克服语言在时间上以及空间上的局限。也就是说，这三种符号都是文字的萌芽形式而并非文字。据我们的考察，刻竹记事与结绳记事主要是用特定的符号记录仪式中与数字有关的事物，这主要是怕因为遗忘而产生人事上的纠纷。

对于梭戛苗族来说，最重要的记录方式就是梭戛苗族女性制作的服饰。梭戛苗族服饰上的动物纹多与其祭祀、丧葬仪式、驱鬼活动中所使用的动物有关，例如，打嘎中献祭的牛反映在纹样中是牛眼睛纹；打嘎及圆坟时候献祭羊反映在纹样上是羊角纹；引魂鸡反映在服饰上是鸡眼睛花等。在梭戛苗族的服饰纹样中，动物纹与植物纹的种类数量差不多，植物纹较多为其日常生活中耕种的作物有关，例如苞谷种纹、弯瓜花纹等。可以说，动物纹较多与其宗教形式有关，即较为原始的祖先崇拜，从中我们可以分析梭戛苗族的精神世界与信仰状况，而植物纹则更多地体现其长期

---

[1] 姜永兴：《苗文探究》，《西南民族学院学报（哲学社会科学版）》1989年第1期。

以来生活状态记录，而人纹与器具及房基纹则反映了其生产生活中的方方面面，而江河纹等则反映着其祖先迁徙的漫漫长路。他们的服饰上有着千万变化的纹样，这些纹样并不是随意制作，而是遵循千百年来祖宗遗训绘制而成的，这上面记载的有这支梭戛苗族长期以来物质生活与精神生活中最重要的一些事物，还记载描绘了祖先曾经生活的地方。这就是人们将苗族服饰称为"穿在身上的史书"的原因了。

总的来说，在传统纹样中我们没有看到一个完整的人物形象以及动物形象，基本上都是用其最典型的部分特征来表示一个整体。现在在梭戛苗族的纹样中我们看到出现了文字，许多读书的小姑娘把自己的汉语名字写在蜡染布的空白处当作纹样。而且在一次苗绣市场上我们竟然发现了一个带人形的图案出现。问了很多老人，这个人形图案的出现据说是为了迎合旅游者的需要。看来旅游者的审美改变着梭戛苗族的审美，这种审美观、价值观的转变又逐渐表现在服饰的形式上。这些都是一种互动式的变化。

三、隐形纹——个人的标志与族群的标志

（一）隐形纹

隐形纹的表现形式是个人的标志，而其本质可能为一个族群迁徙的记录。当笔者给这种纹样命名为隐形纹的时候，总觉得不是十分妥当，其实这类纹样是区别不同个体最重要的标志纹样。尽管梭戛苗族女性所有的衣服都由三种基本形纹组成，即欧、阿苏、莫边，但并不是每件阿苏的纹样都是一样的，也就是说在一件阿苏的服装上，基本形纹一样，然后组合出来的隐形纹却各不相同。母亲喜欢的制作方式会导致特定的隐形纹出现。这种隐形纹成为识别母女关系或者亲属关系的一种方式，在一个群体内部识别个体非常重要，可以称其为标志纹。然而从形式上来说，隐形纹与基本形纹和元素纹最大的不同就是以蜡染形式出现的时候，它不是绘制出

来的，而是由基本形纹和元素纹的空白连接而成的一个图案。而以刺绣形式出现时，有时候由于颜色鲜艳而非常醒目，有时候由于颜色太多而难以辨别。

不过总的来说，刺绣服装作为仪式服装穿着的时间在梭戛苗族女性的一生中非常短暂，而且近来彩色棉线颜色品种的增加更加模糊了刺绣隐形纹的视觉效果，而蜡染服装却是梭戛苗族女性的日常服装，作为标记的隐形纹也尤为重要。隐形纹是在梭戛苗族女性制作服饰纹样过程中约定俗成的一种区分个体的形式，非常难以被外来者发现，所以笔者以客位的角度将其称为隐形纹。隐形纹主要依附的位置是背片，也就是说，梭戛苗族女性区别个体最主要是通过背部的纹样。

上文提到的基本形纹以及元素纹都是不能随意改变的，尽管有少量的组合和尺寸上的自由，但是由于只能用祖宗传下来的规定的种类与基本形状，也就是说元素都相同，所以这两种纹样难以体现梭戛苗族女性的个性，我们也难以根据元素纹来判断梭戛苗族女性的个体制作风格。

不过，每个家族的隐形纹样各不相同。我们看图中三个妇女的背片（图3-11），中间与右侧妇女都是穿着基本形纹为"欧"的服装，但是我们把眼睛眯起来，或者站得远一些，出现在我们面前的是两个另外的由直线与长方形组成的几何图案（图b与图c）。左边妇女也一样，她穿的服装是件阿苏风格的上衣，然而她的背片隐形纹样却又是一种样子（图a）。隐形纹样具有个体性，完全取决于绘制蜡染图案的这个妇女的空点的摆放，也就是说在画纹样的时候并不画满，留下的空形成有规律的几何纹样，每个制作者做出来的隐形纹都不一样。可以说，识别是不是一家人，或者是否有特殊的关系的时候就可以根据隐形纹样去判断。

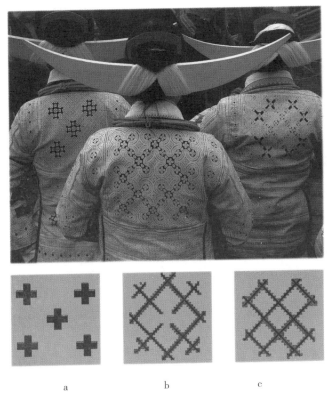

a   b   c

三位妇女的蜡染服装的背片隐形纹分别为图a、b、c所示

图3-11　三种隐形纹

（二）隐形纹的规律

尽管每个梭戛苗族女性都有着自己的隐形纹，每一件衣服都可能更换新的隐形纹，可以说这些隐形纹样千变万化，但是当笔者把所有的隐形纹画出来之后，却发现这些隐藏纹样基本上都是"十"或者"×"或者"米"的变形。我们来看下面一组随意找到的梭戛苗族女性的服饰背片（图3-12），我们将图a、b、c的散点用虚线连接起来会发现，这五个点正好构成的也是"×"，是以"×"为隐形纹的；图d、图e是以"十"的变体为隐形纹的；图f、图g是以"十"加"×"也就是"米"的变体为隐形纹的。

所有的梭戛苗族服饰纹样的隐形纹都可归纳为这三类，实际上无论"×"还是"米"，都可以看作"十"的变体。也就是说，隐形纹其实究其本源只有"十"。有的调查者看到了这些千变万化的"十"纹变体后，就对每个妇女身上的隐形纹寻找内涵与名称，殊不知万变不离其宗，终究只有一个没有名称的十字标志纹。

隐形纹的形成是以十字形式露出底色（蓝色）形成各种标志纹。隐形纹有的以散点纹样出现，即以散点的方式配置在底布上而互无连续关系，也可分布为菱形或者方形。

最上面的图 a、图 b、图 c 三片蜡染背片的隐形图为"×"

图 d、e 的隐形图为"十"，图 f 与图 g 的隐形图为"米"

图 3-12　分别为"十""×""米"的蜡染隐形纹

正因为隐形纹"十""×"或者"米"以各种变体形式出现，使她们的服饰看起来既千变万化、有个体性创造的空间，又有着相同的符号特征，易于族群识别。也就是说，既可以根据自己的审美观进行创作，又不失去族群的标志。那么，这个"十"到底有什么意义呢？纯粹是一种装饰纹吗？在陇戛寨的调查中我们并没有找到当地人的解读，不过在中国原始彩陶以及国外许多古代艺术品上都有这样的纹样，那么他们又是什么含义呢？他们的解读或许对我们解读梭戛苗族的十字纹样带来启发。

十字纹出现于世界上许多地区，不过在各地的含义不尽相同。有人认为十字变体"卍"形符号是用图形来象征性地表达向四方放射光芒的太阳；有人认为这是生殖器的象征符号；有人认为是雌性本原的象征；有人认为是怀孕和生育的象征；有人则认为仅仅是古代的一种商标或者只是一种装饰；有人认为代表水；有人认为这是一种天文符号；有人认为它象征着古代印度的四大种姓；而有人则认为乃是一种宗教性或军事性的旗帜；也有人认为它是魟鱼或章鱼的象征符号。如此等等，不一而足。①

现在武定彝族尚有一些习俗同此种"卍"符纹样有关，彝族习惯于把"卍"同"十""×"看作同一纹样的变体。如乃苏人当婴儿满月初次带出门，或父母带小孩上街，临行前须用黑锅烟灰在小孩额头画一个"十"或"×"来避邪，以祈平安健康。结婚时，当媒人迎娶新娘来到女方家，女方家选定一人，给媒人抹黑花脸，亦在媒人额上画"十"或"×"表示吉祥。所有这些文化现象，都是发端于彝族的羊角占卜的宗教性活动。"卍"或"十"在彝族文化中，其实就是一对相交的羊角。彝族祭司认为，这种阴阳相交的十字形是吉卦。这种思想与《周易·系辞上传》中所说"一阴一阳谓之道，继之者善也"相一致。在彝族中，十字图纹归根结底是阴阳相交的反映，而双"十"重叠成"米"图形本身，又含有太阳的象征意义。②

① 芮传明、余太山：《中西纹饰比较》，上海古籍出版社1995年版，第51—73页。
② 刘小幸：《母体崇拜——彝族祖灵葫芦溯源》，云南人民出版社1990年版，第189页。

在这里，"卐"与"十"有着同样的渊源，这就是羊角，相交的羊角。彝族用羊作为"通神"的工具，不仅是羊角，羊的其他部分如羊的胛骨也可以作为这种工具，"烧羊胛骨"就是一种重要的占卜"通神"手段。即使巫师运用羊胛骨进行占卜"通神"，其所判断吉凶的依据依然使用羊角所交叉的"十"来表示。羊胛骨被火烧裂的纹路，若是正好裂出两条纹路，并且向上下左右，四方直直延伸，成"十"，认为是"四平四稳"的"大吉"[①]。由羊角相交的"十"所形成的含义在历史长河中不断延伸，最后包含至通神之巫师本人。中国古代的"巫"其实就是"十"。杨树达在《积微居金文说·史懋壶跋》中认为"十"即筮，又是巫师。古代巫音筮。说明"巫师皆卜"[②]。

（三）解读十字纹

受到这些解读的启发，我们结合榕戛苗族的文化事项，可以找到两种关于十字纹从起源到发展、从巫术实践到哲学观念、从社会科学知识到自然科学知识的解释。这就是族源标志说以及宇宙方位说。

1. 作为同一族群的标志纹

实际上，不是所有苗族支系都这样全部使用几何形纹。在杨正文《苗族服饰文化》一书中将苗族的服饰纹样风格分为三大板块，正好与三大方言区相吻合，这就是湘西黔东板块、黔东南板块和川黔滇板块。湘西黔东板块以折枝花卉和龙、凤、喜鹊等为重要纹饰主题，并主要运用平绣、织锦工艺技术。这一板块临近中原，因而受到中原文化影响冲击也较其他苗族地区更深。从现今保存的服饰纹饰看，已经接受了相当多的中原文化的内容，如二龙抢宝、老鼠娶亲、松鹤延年等主题，已经逐渐脱离了苗族自身的文化特点，或者说已经把许多原本苗族文化没有的象征意义附着在古

---

① 吉克·尔达·则伙（彝族）口述，吉克·则伙·史伙（彝族）记录，刘尧汉（彝族）整理：《我在神鬼之间——一个彝族祭司的自述》，云南人民出版社1990年版，第189页。
② 宋兆麟：《巫与巫术》，四川民族出版社1989年版，第149页。

老的纹饰上。湘西一带的苗绣实际上已成为著名湘绣的组成部分。黔东南板块是苗族纹饰品种最丰富的板块，大量的动植物写实、写意图案在这一地区都可以找到。它还兼有湘西黔东板块和川黔滇板块纹饰的风格。这也许是因为这一地区是至今为止苗族聚居的最大一块地区，也是保持苗族社会特征和文化特点最为完整的地区。这一板块的纹饰突出的特点是动植物大胆写意夸张，每一幅图案都是织、染、绣，特别是刺绣工艺的多种技法的运用。这一板块的纹饰十分古朴，几乎每一幅图案都有一个相应的故事传说。① 如笔者后来在苗绣市场上考察所见，黔东南地区的刺绣纹样中尽管有几何纹样，但是仍以写意的动植物纹为主体。

梭戛苗族属于川黔滇板块，这一地区也运用动植物纹饰，但多以几何形状出现。这与他们运用的挑花技法和表现手段不无关系。也就是说，纹饰造型及风格的形成是与工艺技术有密切联系的。不过这同时也表现了这个板块纹样的原始古朴，没有受到太多外来影响。我们对比了一系列属于同一板块的黔西小花苗与梭戛苗族服饰中纹样的几何图案，发现有许多相同的纹样，其中杨鹍国在《苗族服饰：符号与象征》一书中提到考察到的小花苗的一个纹样为"九曲江河纹"，与梭戛苗族的"×"形隐形纹完全一样（图3-13）。"×"其实就是"九曲江河纹"的简化形式。此纹样不仅具有特殊的形式美，还有深沉的内涵。苗族历史上经历的离乡背井的大迁徙，在由北而南的迁徙中渡过许多江河溪沟，这是个悲壮的历程，苗族人民对其是刻骨铭心的。流行这类纹样的地区有这样的说法：这些纹样是表现故土的风光和祖先迁徙的经过，如百褶裙上的黄色横线表示黄河，绿色横线表示长江，中间的空白表示田野。我们对比两个图可以看到，梭戛苗族如此广泛的运用的"十"极有可能也是"九曲江河纹"的简化体，与迁徙群一样记载自己祖先的历史。十字纹也成为证明梭戛苗族与小花苗有族源关系的标志纹，也就是说可能在100年前，梭戛苗族和黔西小花苗是一

---

① 杨正文：《苗族服饰文化》，贵州民族出版社1998年版，第169页。

支，由于各种历史原因，分散后逃入不同的地区，从而根据新的生活产生出了不同的新的纹样。

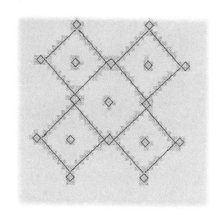

流行于贵州西部的小花苗服装上的　　　　　　　十字隐形纹变体之一，
纹样"九曲江河纹"　　　　　　　　　　　　此纹样基本形为莫边

图3-13　小花苗九曲江河纹与梭戛苗族的十字隐形纹变体图案

2.作为苗族先人宇宙方位的标示图

结合对梭戛苗族生活的考察，我们观察到这个"米"也很可能作为其宇宙方位的标示图。即十字指代东、南、西、北四个方向，"×"代表东南、东北、西南、西北四个方向，而米字指代两者叠加的八个方向。梭戛苗族的方位感意识非常强，以他们最隆重的丧葬仪式打嘎为例。给死者搭起的嘎房一般分内外两层，内层有八个圆拱形门，分别指向东、南、西、北、东南、东北、西南、西北八个方向，外层有四个门，分别在东南西北四个方向（图3-14）。每队从各个寨子赶来的男人们，端着酒碗，唱着酒令歌，领头人则吹着芦笙带着大家在嘎房的四个门出入，进行绕嘎，方向非常严格，不能绕错。此外，能体现梭戛苗族方向意识的还有嘎房顶上的英雄鸟，它的头向西方，引领死者走到祖先的地方，而嘎房推倒也一定要朝向太阳落山的西方。

图3-14　嘎房方位图

第三节　苗族服饰纹样的造型方式与艺术传达

一、纹样造型的基本方式与情感记忆

几何纹样与梭戛苗族的现实生活有着怎样的关系? 它们是如何被创造出来的呢?

(一)简化

在贝尔看来, "没有简化, 艺术不可能存在, 因为艺术家创造的是有意味的形式, 而只有简化才能把有意味的东西从大量无意味的东西中提取出来"[①]。在梭戛苗族这里, 简化也有两种形式: 一种是出于理性, 由于传

---

① ［英］克莱夫·贝尔:《艺术》, 周金环、马钟元译, 中国文联出版公司1984年版, 第149—150页。

达信息的需要而创作的符号或信号，例如九曲江河纹，记载迁徙路线的；另外一种是无意识的，是情感按照自身的逻辑自动的选择和删除，例如各种动物的眼睛纹样，梭戛苗族都是选取动物身上一个部位——眼睛来象征整个整体，再来形成幻象，来达到传递情感的作用。实际上对于无文字社会的群体来说，经验非常重要。长期接触动物的梭戛苗族对于动物是否死亡的最重要的一个手段是观察其眼睛。所以在纹样造型的时候，各种仪式上献祭祖先的鸡、牛等都采用眼睛的纹样来表示。而老虎的爪子也就是脚印也是判断老虎出现的重要依据，虎爪纹就成为老虎的代表。羊角是羊身上最有特点的地方，羊角的纹样就指代了羊的整体。斧头是经常运用而斧头背是最容易抽象简化出来的形式。杜尔干曾经提出："当一个圣物分裂时，分开后的各部分中的圣物仍等于原来的整体。"[1]换句话说，根据宗教观念，局部具有相同的能力和相同的效力。一块圣骨的碎片具有整块圣骨的各种效力。他还提出从物体的局部能使人想到其整体，局部也能使人产生其整体使人产生的感情。战旗的一个普通碎片和战旗一样代表着祖国。[2]在梭戛苗族的生活中，鸡眼睛或者羊角都是一个指代鸡或者羊这个整体的符号，就与汉语言文字一样，认得鸡这个字的人能够立刻联想到鸡这个整体，而且能够立刻触动神经，调出脑子里与鸡有关的信息，并且产生由长时间对此实物所形成的情感。就一个被蛇咬到的人看到蛇字可能会立刻皱起眉头，脸上出现惊恐。也就是说简化其实是梭戛苗族创造出服饰纹样符号的重要方法。

梭戛苗族简化的方式有两种：第一种是局部简化，即以局部代替整体，例如狗耳朵、鸡眼睛、羊角纹等。第二种是整体简化，例如爬蛇、毛虫、蚂蚁、苞谷种、房基纹（图3-15）等，都是将整体形象简化为一种纹

---

① ［法］E.杜尔干：《宗教生活的初级形式》，林宗锦等译，中央民族大学出版社1999年版，第251页。
② ［法］E.杜尔干：《宗教生活的初级形式》，林宗锦等译，中央民族大学出版社1999年版，第252页。

样。此外，还有种较为特别的整体简化就是将人的劳动状态与生产工具一起简化为简单的几何形。例如舂碓纹，它将人的劳动状态简化为几何形纹"Z"的形状（图3-16）。

房屋结构平面图

长图为梭戛苗人传统木质结构房屋，梭戛苗人有个说法是衣服上的背片就是他们祖宗的房基。
左图中为梭戛苗人妇女仍在绘制的蜡染背片图。
右上角为梭戛苗人居住的木质结构房屋的平面图。

图3-15 以局部代整体的房屋纹

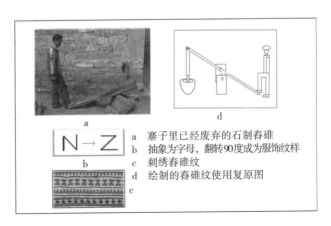

a 寨子里已经废弃的石制舂碓
b 抽象为字母，翻转90度成为服饰纹样
c 刺绣舂碓纹
d 绘制的舂碓纹使用复原图

图3-16 舂碓纹的形成

（二）添加

这种方法多运用在装饰纹样上，在制作服饰纹样的时候，首先确定主体形纹，之后以一定的方式来用适形纹样填补空间，以增加丰富感。例如欧的背片，确定欧的主体纹样后，先画出大的结构，然后在里面以十字纹的形式添上小狗耳朵纹，再次在空白的地方陆续加上斧头背纹、升子纹、苞谷种纹等。

（三）组合

即将纹样元素在整个服饰部件上重新加以排列和构成，完全相同的纹样往往由于组合方式的不同，从而形成每个人独特的艺术风格。不过我们可以看到梭戛苗族的服饰纹样的总体风格很少变化，人们极少接受任何新的、不熟悉的形状。在博厄斯的《原始艺术》中提到，在许多原始部落的日常用品的生产者们多是在模仿而不是在创新，他们制作了大量具有相同纹样的用具，区别只在于这些纹样的排列组合不同。当人们看惯并且用惯了大量千篇一律的用具后，便无形中限制了创新者自由想象的能力。他认为在这些人身上不存在现代工业那种时刻都有的刻意求新的欲望，正像当代的农村倘若没有城市的干扰，就总会倾向于保守一样。在梭戛苗族这里似乎也是这样，所有的梭戛苗族女性都恪守着祖宗传下来的基本形纹以及元素纹，最大的创新就是将这些纹样进行排列组合。[①] 稍微需要注意的是梭戛苗族的隐形纹赋予了女性创作的许多权力，她们可以使用祖先留下的十字纹，也可以使用各种自己想出来的变体。梭戛苗族对于纹样的保守性并不像博厄斯说的那样只是由于习惯而造成的对形的适应心理。纹样的稳定性与其符号作用还是有很大的关系的。根据纹样，苗族人可以告诉我们哪些是她们族群的人，哪些不是。即使从穿着款式完全一样的服饰上，她们也能根据纹样来判断与自己族群的亲疏关系。如果有人擅自改变了基本

① ［美］弗朗兹·博厄斯：《原始艺术》，金辉译，贵州人民出版社1989年版，第140页。

形纹或者元素纹，那么附着在民族服饰上相应的经验与情感都会失去，符号不复存在，纹样也就只剩下形式了。

梭戛苗族的服饰纹样有两种组合方式，即固定组合与适形组合。

1.固定组合

首先是两种纹样要表现同一个主题内容所以不能分开使用，例如芦笙眼纹与口纹，芦笙眼纹与口纹结合在一起就组成一个吹芦笙的整体形象，能够使得本族人回忆起年轻时候载歌载舞的跳花节与谈情说爱的场面。其次是同一纹样的不同表现形式经常搭配在一起。有些固定的组合是传承下来的。

2.适形组合

适形组合带有较强的主观色彩，梭戛苗族女性可以根据自己的喜好进行组合排列，排列的时候按照基本形纹所留出的空白进行适形排列。例如牛眼睛纹与小狗耳朵纹，犁引纹与小狗耳朵纹，老蛇纹与小狗耳朵纹等是一些常见的组合排列，将较小的小狗耳朵纹排成各种效果，有附着在牛眼睛纹上的，有附着在犁引纹上的，有的自己排列成花朵的形状，此时，如果仍有空白则再使用更小的元素纹进行填补。不具备本地纹样常识的人则难以辨别这些组合后的纹样。

梭戛苗族服饰纹样一般运用点、线、面单独地或交叉地组成变化无穷的几何形状。形式上的简化、添加以及组合构成，同自然界的事物本身一样，不是随意的、混沌的，而是按照一定逻辑和理性秩序调节而成的。他们有着独特的造型观念，按照一定的秩序营造了一个源于自然，而又有别于自然的艺术世界。

二、梭戛苗族服饰的色彩与风格

梭戛苗族服饰上的几何纹样的美是由色彩、造型以及构成三个要素组成的，它们是有机的整体，色彩是其中最醒目、最活跃的部分。梭戛苗族服装的色彩很大程度上取决于纹样的颜色。例如蜡染，蜡染一般为蓝白两色，对比非常鲜明。前文提到过，梭戛苗族女性曾经的刺绣颜色主要也是蓝白两色，后来在较多使用红黄蓝三色套染时期，刺绣也曾经出现了这三色，加上白布底色，一共为四色，红色为主色。由于色彩纯度不高，红黄蓝三色结合在一起颜色较为黯淡，洗涤多了掉色后更加混浊，后来蜡染逐渐又退回蓝白两色，而刺绣的颜色则保持了多色。在经济迅速发展的近30年，彩色棉线出现后，梭戛苗绣就较多使用红黄黑白四色线，以红色为主色，偶尔作为填充空间的小纹样可以使用一些绿色。

为什么红色会成为梭戛苗绣的主色？格罗塞说过："我们只要留神察看我们的小孩，就可以晓得人类对于这种颜色的爱好至今还很少改变。在每一个水彩画的颜料匣中，装朱砂红的管子总是最先用空的。"[1] 这里格罗塞旨在说明儿童对色泽鲜艳的红色有一种天生的偏爱心理。在对待红色的问题上，格罗塞认为，不但儿童的情形是这样，成人的情形也是如此。格罗塞又以欧洲军队为例，他说，在欧洲，"得胜的将军用红色涂身的习惯，虽则已和罗马共和国俱逝，但直到上世纪（指18世纪）为止，深红色终还是男性正服中最时行的颜色，在远距离的射击发明之后，欧洲的军装还仍然保留着过多的红色"[2] 歌德生前对各种颜色颇有研究。格罗塞所持的观点，基本上同歌德一致。歌德在他的《色彩学》中，对橙红的颜色在情感上能使人激发无比力量这一点也大为赞叹，他说："橙红色！这种颜色最能表示力气，无怪那些强有力的、健康的、裸体的男人都特别喜爱此种颜色。野蛮人对这种颜色的爱好，是到处彰著的。"[3] 综上所述，我们足以见得红颜色在人体装饰上的地位。

从物理特性上来说，红色的波长最长，空间穿透力是最强的，不易消失。此外，梭戛苗族生活于高寒地区，阴湿潮冷，梭戛苗族冬季由于服装

---

[1] ［德］格罗塞:《艺术的起源》，蔡慕晖译，商务印书馆1984年版，第47页。
[2] ［德］格罗塞:《艺术的起源》，蔡慕晖译，商务印书馆1984年版，第47—48页。
[3] ［德］歌德:《色彩学》，转引自朱介英编著《色彩学》，中国青年出版社2004年版，第775页。

单薄，除了必要的劳动外，常蜷缩在家里的火堆旁，这是他们能够顺利渡过高山严冬最主要的办法。他们的主要粮食之一——苞谷也必须经过熏烤才可以长期保存。此外，梭戛苗族长期以来住的为草顶房屋，如果室内没有火，则在如此阴湿的气候下，茅草会很快腐烂。雨后，在室内火炉的烘烤下，我们可以看到梭戛苗人茅草房顶上升起缕缕白色雾气。火还可以做饭，还可以烧林种田。所以红色——这种火的颜色在梭戛苗族刺绣中成为最主要的颜色。无论是制作梭戛苗族的刺绣嫁衣还是女童的刺绣服饰，使用最多的恐怕就是红色棉线了。

服饰无疑是最具有符号性特点的文化事项之一。从形态上看，尽管服饰作为符号的功能，不同于语言文字作为符号的功能，但服饰符号在反映实际信息的丰富性、形象性及直观性上却又远远大于语言文字符号。在人类社会的实际交际活动中，人们除了借助口头语言及书面文字等手段来进行交流外，还需要通过对双方服饰的观察来判断认识他人，实质上这往往就是交往的开始。假如最初的交往是在沉默及观察中进行的，则服饰可能成了唯一可了解他人的符号信息源。服饰的符号功能，必须借助于服饰艺术中特有的款式形制、色彩搭配、质地工艺、饰佩组合等实现，借此来具体标识穿着者的综合信息。人们可以通过这一系列符号组合去了解和探索他人的民族归属、宗教信仰、经济地位、社会身份、行业类别、崇尚偏好、文化水平、性别角色、风俗习惯及审美取向等。认识到服饰艺术的符号性特征，就不能不使人联想到它的形象性特征。民族服饰的符号性是通过现实中形象的抽象化来实现的。其实，服饰的符号性是要靠形象性来支持的。梭戛苗族服饰上的动物纹多与其祭祀、丧葬仪式、驱鬼活动中所使用的动物有关，他们的服饰上有着千万变化的纹样，这些纹样并不是随意制作，而是遵循千百年来祖宗遗训绘制而成，这上面记载的有这支族群长期以来物质生活与精神生活中重要的一些事物，还记载描绘了祖先曾经生活的地方。这就是人们将苗族服饰称为"穿在身上的史书"的原因了。

表现主义美学家苏珊·朗格对有意味的形式进行了进一步的论述。"那为什么我们又要称它为'意味'呢？这主要是因为这种意味是通过像生命体一样的形式'传达'出来的。"[①]朗格在这里所说的生命意味，是指艺术符号所包含的情感。服饰上的几何纹样又包含了什么样的情感呢？对祖先的尊敬、对故土的怀念，这两种情感在梭嘎苗族服饰上表现得特别明显。朗格强调的情感表现形式就是艺术符号，她说："生命的意味是运用艺术将情感生活客观化的结果，只有通过这种客观化（外化），人们才能对情感生活理解或把握，正是在这种意义上，我们才称艺术品为符号。"[②]梭嘎苗族服饰上的几何纹样，既有单独图案的符号含义，也有综合图案的构成的符号意义，既有对自然与生活的摹写，也有对其时间与空间上发生事件的抽象性概括。颇有些像汉字的象形文字与指事文字，用几何造型来传达其社会生活所适合的符号体系。它们造型丰富，意义深远，真可以称得上"有意义的形式"。不过，艺术符号的缺点是由于意义不确定，由新的族群在新的环境中产生并创造，并不通行于整个苗族，造成了符号意义的模糊性与不确定性，一旦被一个族群遗忘就难以恢复，所以造成同样一个纹样会有众多的说法和解释的现象。

---

① ［美］苏珊·朗格:《艺术问题》，滕守尧等译，中国社会科学出版社1983年版，第57页。
② ［美］苏珊·朗格:《艺术问题》，滕守尧等译，中国社会科学出版社1983年版，第57页。

第四章

传统仪礼服饰、婚恋制度与情感表征

第一节　民族服饰与人生仪礼

民俗学研究表明，在众多传统仪礼习俗之中，要数围绕人生大事而进行的人生礼俗最为丰富和完善，诸如出生洗礼、成人冠礼、婚嫁喜礼、生日寿礼、死丧葬礼等。这些礼俗将人从出、成长、步入社会、衰老、死亡的整个过程划分开来，使一个社会人通过这些仪式拥有了一个新的社会身份，且这种新的身份被整个群体所接受。在这些仪式中，服饰扮演着非常重要的角色。本章节主要介绍梭戛苗族人生中的三大传统仪礼习俗，即成年礼俗、婚姻礼俗和丧葬礼俗及这些礼俗中所涉及的服饰。由于梭戛苗族的生辰习俗非常简化且此阶段服饰并无特殊，在此略过。

一、成年礼中的服饰

成年礼又称成丁礼、成人礼等。是"对达到性成熟或法定成年期的少年举行的一种仪式，以此确认其成年，接纳为社会的正式成员，或一种宗教团体的成员"[1]。

---

[1]　覃光广等编:《文化学辞典》，中央民族学院出版社1988年版，第318页。

梭戛苗族的成年仪式主要包括两方面的内容。

其一，性的允诺。性的成熟是人成熟的重要标志，因而许多成年仪礼都与此相关。表现在梭戛苗族的生活中为跳花坡习俗，从前，在每年正月初四到十四，达到年龄的男青年（一般为16岁）到各个寨子串寨，而每个寨的适龄女青年们（一般为13岁）会集中在一家或几家，围着炉火等候他们的到来，当他们到达门口，双方会隔着门缝进行对歌比赛（图4-1）。女方若对歌输了，就请男方进来烤火、聊天，并留下吃饭；男方若输了就会受到"羞辱"，只能离开并赶到下一个寨子。留下的男青年会在女方家居住到正月十四或者十五。其间，男女双方白天在附近的山坡上对歌，产生感情的晚上去"晒月亮"，即进行交媾。整个活动称为"跳花坡"。

图4-1　跳花坡对歌

其二是外部形象标志的改变。我国仍有一些少数民族至今保留着古老的成年礼俗。通过换服装配饰，或者改变发型作为开始成年人生活的标志。如永宁纳西族母系社会残余的成年礼，就是给进入成年期的男子行穿裤子礼，女子行穿裙子礼，由亲友宾客观礼，承认他们进入成年。举行了这种仪式之后，就表明这些青年男女童年已过，可以公开参加各种生产和社会活动了。梭戛苗族男性同样是以换装来宣示自己步入成年。每个梭戛苗族男性的母亲和姐妹为其成人缝制的全套传统服装及配饰包括：内包头巾、外包头巾、对襟蓝色长衫及大褂、白色麻布裙裤、白麻线围腰、刺绣围腰、两对白底刺绣腰帕、白色羊毛毡裹腿、手电筒套、伞套、白色麻线背包。换上了这身衣服就标志着其已成人，可以参加当年的走寨活动了。而梭戛苗族女性则是以配饰作为成人的标志。

饰物也是成年的一种标志。青海地区的藏族姑娘长到15岁时要举行戴敦仪式。这种仪式一般在正月初三举行，要改变发式，佩戴首饰。这一天，姑娘要早早起床，用掺有牛奶的"净水"洗梳一番，然后穿上鲜艳的藏袍，系上彩腰带。母亲为她解开头上的童辫，精心梳理起成人发式，并在女儿的背后挂上一个被称为"引敦"的两条缀满银饰的饰物。经过如此一番打扮之后，姑娘便拥有了恋爱和结婚的权利。[1] 梭戛苗族少女在13岁左右，她们的母亲会为其准备青黑色毡围和白色羊毛毡裹腿，用以取代儿童阶段的围兜，作为她们已成年的标志。儿童围兜，虽然在形制上十分接近大人的黑色毡围，但制作材料是棉布而非毛毡，上面布满红色刺绣纹样，且此围兜的后面还有像尾巴一样的两到三条刺绣带子（图4-2）。在每年的大年初一，女孩子只要穿上这全套崭新的服饰，将意味着她是一位成年女性了，就可以参加走寨、跳花坡等传统婚恋活动了。梭戛苗族是以服饰的改变来使得受礼者接受并且使得社会承认其为成熟的人这个身份。这是通过改变外部形象来改变一个人的社会角色的标志（图4-3）。

---

① 李鉴踪：《姻缘·良缘·孽缘》，四川人民出版社1993年版，第64页。

图 4-2 女童围兜　　　　　　图 4-3 女童与成年女性服饰

二、婚嫁礼俗中的服饰

婚嫁通常被视为人生重大的转折点，婚嫁礼俗也因此被认为是最重要的礼俗。婚礼是梭戛苗族的生活中非常重要的一件大事。在婚礼中，新娘会穿起盛装，这套衣服上有大量的绣片并且具有全套的配饰，若婚礼在冬季举行，新娘往往把所有缝制的绣花衣全都套在身上，有时候会穿到七八件。一般来说，梭戛苗族姑娘在订婚之后，未婚夫会送来布，姑娘从这个时候一直到婚礼之前都在赶制刺绣嫁衣，这几套刺绣盛装一生中只能在短暂的时期内穿着，即从举行婚礼当天到第一个小孩出生，之后，这身衣服就必须压柜底了，此后只能穿着蜡染服装。可以说，这种刺绣盛装是新娘的专利，"老人"是不可以穿的。在梭戛苗族人的思想中，"老"的概念与年龄没有关系而是与孩子有关系，一旦一个妇女生育了小孩，她和丈夫就得自称为"老人"了。由于新娘装是梭戛苗族女性最贵重美丽的服饰，所以在表演的时候，姑娘们以及年轻的妇女们仍然会穿起这种盛装。以前，梭戛苗族结婚的时候还有一种繁杂仪式叫作"打亲"，这是当时寨子里有威望、稍微富裕点的人家才有能力举办的婚礼，但近20多年来不再流行了。据老人们回忆，打亲的时候，新娘与伴娘的装扮除了角上白毛线的缠法不同用以区分身份外，其余均相同。而在一般的梭戛苗族的婚礼中，新娘与伴娘的打扮是完全一样的（图4-4）。

图4-4　上面两图为打亲新娘头饰，下面两图为打亲伴娘头饰

　　大喜之日，主婚人可不穿盛装，但新郎及伴郎必须穿盛装，盛装的衣服也是与跳花坡时候的服饰几乎完全相同，不同的是，新郎还必须手撑一把伞，背上背一伞套。在20世纪60年代以前，男子在跳花坡和婚礼上也是需要盘发戴角木梳的，后来在短发盛行之后，男子改以包头巾为头饰。婚礼当天，所有的亲朋好友都会赶来，其中中年妇女们都戴起角来，换上干净的蜡染衣服，年轻的伴娘们都穿起跳花坡时候的全套服装来送新娘。去迎亲的人当中有三个人必须身穿传统服饰，那就是新郎、伴郎与媒人。新郎和伴郎是穿同样的服饰，都打着伞，不过不用担心众人会分不清楚新

郎与伴郎，用他们的原话说是"我们族的人比较少，所以都认得哪个是新郎"，另外一个就是媒人，媒人的年纪一般稍长，穿件青色麻布大褂即可。

当新郎新娘到男方家时，首先就有一位老人拿着一只大公鸡在大门口等着，新郎新娘走到门口，需那位老人提着公鸡在他们头上转三转后才能进家。然后，主婚人及新郎再次向在场的老人磕头，之后，还有两个基本的礼俗环节——开柜和披红布（图4-5）。

图4-5　婚礼时候女方陪嫁的柜子

在婚礼上，女方一般以箱子一口、柜子一个、被子一张、碗柜一个作为陪嫁之礼。新娘到家后，必须请新郎的母舅为其开柜。

在开柜时，有如下之说词：

日即食粮

天地开张

子木生在何方

长在何方

子木生在昆明山顶上

长在昆明山

白天在昆明山上晒太阳

晚上在昆明山上晒月亮

风来吹，雨来淋

一年长三寸

十年长十二方

三十六人砍来不能动

七十二人砍来不能翻

忽然如今长大水

大水拉在不闹绳

人人说子木无用处

鲁班砍它下来造成柜子送新人

九把钥匙九把锁

九把阳来九把阴

天上的王母娘娘来开柜

地上的王母娘娘来开城

主家给我一杯茶

恭贺主家代代发

主家给我一杯酒

恭贺主家代代有

一不早，二不迟

正是主人家开柜之时

一开龙头

恭贺主家儿子儿孙中诸侯

二开龙腰

脱开南烧唤子朋

三开龙尾

……

恭贺主家高重起

一开天长地久

二开天久地长

三开荣发富贵

四开子孙满堂

五开五子登科

六开六合同春

七开天上七姐妹

八开神仙吕洞宾

九开九龙来归位

十开子孙坐北京

十一开金满斗

十二开顺交春

喂牛牛成对

喂马马成双

养女荣发富贵

养儿做高官

恭贺主人家百方千孙万代地富贵

——熊华艳提供曲调，群众演唱，杨光亮收集整理

到此，再以苗词唱如下一首歌，开柜之礼即完成：

开花结果黄

结果在刺梁

今日完婚后

明年子满堂

——熊华艳提供曲调，群众演唱，杨光亮收集整理

古老的婚礼中，新郎的母舅一般都要买一丈二尺（4 米）长的红布来为其挂红，母舅还要请一位特别会说"四句"的先生伴随，这叫披红布习俗。新娘到家后，母舅开柜完毕，即要请伴随的先生将一丈二尺（4 米）长的红布披在新郎的肩上，即披红布。

在披红布时，有如下的说词：

主家门前凳有一张斗

请我们三亲六戚来吃这杯挂红酒

这个堂屋四角方

新把新人请来站中央

自从今日传过后

恭祝主家儿子儿孙升高官

东方子人开

西方子人才

我们二人恭敬请

恭贺主家新人站出来

这匹红布滑又滑

将它打个结子送给新人拿

打个结子送新人来背起

新人的二人夫妻寿年是八十八

这匹红布红殷殷

出在苏州城

苏州出来贵州卖

母舅将钱买来挂新人

一挂天长地久

二挂天久地长

三挂荣发富贵

四挂子孙满堂

五挂五子登科

六挂六合同春

七挂天上七姐妹

八挂神仙吕洞宾

九挂九龙来归位

十挂子孙坐北京

十一挂金满斗

十二挂顺交春

正月二月撒种子

三月四月种子生

五月六月拈棉种

拈种娘娘又操心

初一早上纺纱子

初二早上上机床

初三初四都织起

织得这匹红布来挂新郎

一织天上一还月

二织地上百草生

三织王母宠龙会

四织百种星上生

五织……

六织……

七织……

八织……

九织……

十织二人夫妻转来配成婚

十一织得个种种上

十二织种手巾

这匹红布三丈二尺长

出来顺仓小女航

左一转来转新种果

右一转来转月男

出了月男生贵子

出了贵子是读书郎

一顶帽子圆又圆

三手四脚跪在神跟前

自从今日说过后

荣发富贵管万万年

这件衣裳测得标

先测衣领后测腰

自从今日说过后

脚蹬圆凳渐渐高

这条裤子西羊叉

母舅将钱买来缝送他

自从今日穿过后

荣发富贵发西家

这双鞋袜弯又弯

上手买来下脚穿

左脚穿来做皇帝

右脚穿来做高官

恭取主家百子千孙万代地富贵

喂牛牛成对

喂马马成双

养女荣发富贵

养儿做高官

主家门前有棚柴

风吹两边排

自从今日说过后

恭取主家大发财

主家门前有棚树

风吹两边林

自从今日说过后

恭取主家大发大富

恭取主家吃不完用不尽了

——杨永富演唱，熊光禄翻译，安丽哲录音整理

到此，新郎将一杯酒递给说词先生一饮而尽，说声感谢，披红布完毕。

据开柜词的内容来看，词中提到的鲁班、王母娘娘、五子登科等与梭戛苗族的生活方式和信仰不符，显然是外来词，在黔西北，同样在婚礼上唱开柜词的还有布依族。[①] 由于我们没有前去实地调查，文献中也没有具体的记录，二者的开柜词有何关联，我们不得而知。而婚礼中的披红布习俗是许多民族都有的，此歌表达了对新婚夫妇美好的祝愿，其歌词同样显然属于对外来文化的吸收运用。

迎娶过门的新娘要在男方家住上7天，要用石磨磨50斤炒面作回礼，方能回娘家。新郎将炒面送到新娘家族每户一份，表示在以后的日常生活中，"牵牛走路踏不破山，雹雨袭来地不会塌"，百年谐好，而每家亲戚都要回赠一砣肉（半斤左右）和六七斤饭和10块钱。新郎和新娘在接收礼物和钱时，要向亲人磕头表示感谢。这样整个婚礼才算完毕。

---

① 马启忠：《瀑乡风情录》，贵州民族出版社1991版，第107页。

三、丧葬礼俗中的服饰

丧葬礼仪作为社会民俗和一种文化现象，它深受特定的宗教信仰、思想感情、历史传统、社会发展水平以及经济活动方式等多方面因素的影响，更直接地体现着人们的人生价值观与生死观。在民俗学著作中，一般都把丧葬礼仪列入人生礼仪之中，看作人生的最后一项通过礼仪，用它标志着人生旅程的终结。丧葬仪式的方式多样，仪式中的各类服饰均突出地表现出该民族的信仰性质以及心理特征。

梭戛苗族老人去世后，子女要为他们举行丧葬仪式，整个仪式被称为"打嘎"，"打"是指杀牛，"嘎"是指祭奠，两者合起来，即杀牛以祭奠之意（图4-6）。箐苗的丧葬实行土葬，装殓尸身，均用棺木。老人咽气后，先击鼓三下，鸣炮三响，向寨邻族人报丧。然后给老人洗脸、梳头，再换上寿衣（麻布衣），这种寿衣也是传统的民族服装，质地为棉、麻织品，一般都是手工制作的。老人身上不能戴一些铜、铁、塑料之物，不论男女亡人衣裙都必须反穿，等待装棺入殓。棺材都是就地取材自己做的，并且用当地一种树的汁液染成黑色。

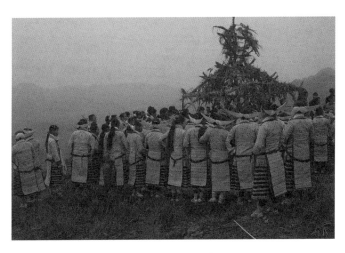

图4-6 打嘎仪式

装棺入殓时辰由"鬼师"（寨子里的巫师）决定，孝男孝女送来殓衣，跪于棺前，"鬼师"在正门屋檐口扯下一把房上草渣放入为死者缝制的阴枕套内，在枕下折垫上死者生前所用的衣服，铺上白纸，将死者遗体装入棺内，覆盖上红色盖口布，盖上被子，移至堂屋中后壁前横停。然后孝家派人去外家报丧。

选定吉日后，全寨子的人都集中到死者的家里，由死者家属选一个管事，管事要有一定的威信和说服力，能够安排整个打嘎过程的大小事务，负责对前来帮忙的人进行分工（图4-7）。进入夜晚之后，寨中长者为亡者唱起指路歌，而其他各寨的亲朋好友陆续前来吊唁，随后，由主管人员叫上寨子里的人，用竹子和杉树建造嘎房。所谓嘎房即灵堂。是梭戛苗族人的葬礼期间停放灵柩的临时建筑。嘎房对于死者来说，是一把可供遮阳避雨的伞，可使死者平安上路。经过出丧，落棺，宰牛，绕嘎等一系列的仪式之后，众族人将灵柩抬至埋葬地点安葬，推倒并焚毁嘎房。返回后的孝家宴请亲朋好友，三天后举行告别仪式，葬礼才宣告结束。

图4-7　手持竹棍的管事

整个过程要持续数天，每次葬礼几乎都是寨子里的人全部参加，非常盛大，它是梭戛苗族内部增进相互信任、相互帮助的一种方式（图4-8）。在这个繁杂的仪式上，就死者所穿的衣服来说，传统服饰也在发挥着最后的作用，这个衣服也体现了梭戛苗族对自己祖先的一种精神追求以及对后人的美好期望。同时在这个仪式上未亡者的穿着更是体现了他们不仅仅是对死者，而且是对祖先的一种敬重。

图4-8　赶来参加打嘎仪式的各个寨子的妇女

（一）男性寿衣

入殓的时候，男性死者的头发可剪可也不剪，但是一定要梳好，不能乱。头上一般要缠青色帕子，棉质，长度为3—4米，宽度大概有15厘米，缠的时候将帕子纵向对折，然后在膝盖处挽起套在脑袋上，一圈圈地缠起。这个帕子一般是自己家里买的，也有人不缠帕子就入殓。死者身上穿青色麻布长衫，这个长衫不像年轻人穿的那种前短后长，而是前后长短一致，长衫的尾部仍为双层麻布制成，搭一条白色麻布围腰，下面穿白色麻布裙裤。现在也有的人家用棉布制成的裙裤，腰上搭一条腰带，青色麻布的，长6尺（2米）、宽1尺（约0.3米），一般是姐妹送的，如果没有亲姐妹就由堂姐妹送一条。死者的脚下要穿布靴,样子与钉子靴相同,只是没有铁钉。鞋面与鞋底均为青色棉麻布制成,鞋底一般有1厘米厚。死者的鞋子是要穿两双的,即在布靴的外面还需套一双草鞋。而且,布靴与草鞋都需要左右脚反穿,用他们的话来讲就是"老人'成神'的时候鞋子要反着穿,人是正着穿鞋子的,'成神'了就跟祖先在一起了,草鞋与布靴都是反着套在脚上,这样就可以跟老祖先一条路走了"。男性死者的服饰一般都是由自己妻子制作的。因为长年累月的刺绣与画蜡使得梭戛苗族妇女的眼睛在四五十岁的时候就会花掉,不能再做复杂的针线活,所以很多妇女很早就为自己的丈夫预备好去世时所穿的服饰。男性死者的服装正是以前男性老者平时穿着的民族服饰,现在日常很少见到有人这样穿着了,不过这套衣服的样式却在丧葬仪式中保留下来。

(二)女性寿衣

入殓的时候,女性死者的头发也要梳好挽起,然后戴个帕子,这个帕子一般是由其兄弟家送,长短与材质与男性死者头戴的帕子相同。陪伴梭戛苗族妇女大半生的长角以及项圈都不跟随死者入土,这些东西要留给自己的孙女,一代一代传下去,直到戴坏了。至于身上穿的服装,有的女性老者去世的时候都还是穿自己平时的蜡染对襟裙装,只要洗干净即可。也有的妇女在年轻时候勤快一些,提早给自己备好去世后的服装,那么在"成神"的时候她就可以穿上新的衣服。这里与汉族不太相同的就是子女没有义务给父母准备寿衣,每个妇女要为自己的配偶以及自己准备去世时所穿的衣服。女性死者的腰前戴黑色羊毛毡围腰,腿上套白色羊毛毡裹腿,鞋子为绣花布靴,上面图案多为云纹、波浪纹以及太阳纹。绣花布靴以前主要用于妇女冬季穿着,用棉布缝制而成,制作工艺与现在的绣花凉鞋一样。但是自从20世纪70年代之后,这种绣花布靴不再作为梭戛苗族妇女冬季日常穿着的鞋子,而逐渐变成了寿鞋(图4-9),只供去世的女性死者使用。现在陇戛寨老年妇女都给自己准备了这种鞋子,以备自己过世时

图4-9　女性寿鞋

使用，同时也是想作为商品出售给对其民族文化感兴趣的游人。布靴的外面同样需要套一双草鞋并左右脚反穿，以示人鬼殊途，更重要的是他们认为这样可以让死者去追寻祖先。

随着时代的变化，寿衣也发生了一些微妙的变化，例如有的人将布靴换成了球鞋，有的人干脆不再套草鞋，有的人将麻布裙裤换成了棉制裙裤等。但总的来说，丧葬仪式在梭戛苗族的生活中还是保存得非常好的一个传统仪式，内容与形式并存。

（三）葬礼中其余人的服饰

整个葬礼要举行三四天，打嘎只要一天，之前所有的事情都是为了打嘎做准备的。死者在断气之后，这一消息会最快地传送到各个寨子里面，本家的亲属会尽快赶到死者的家，帮忙办理丧事，其余的亲戚朋友则在打嘎当天赶到即可，叫作客家。死者的家属因为要忙碌各种事情，所以穿戴比较随便，外寨的本家赶到的时候一定要衣帽整齐，尤其是妇女，一定要戴起角，换上崭新的民族服饰，背上背着白色麻线包赶来吊唁，这个背包里面装的是另外的新衣服以及崭新的角，专门等打嘎的那天穿起，表示对死者以及祖先的敬重，赶到主人家之后才可以将自己的角摘下，去参与帮忙各种事项。所以，打嘎之前在主人家看到不戴角的妇女就知道是本家，而戴角的妇女则是前来吊唁的客家。男子虽然没有都穿民族服装，但也都是衣帽整齐，从一个寨子来的一队人里面也总有一个人背起白色麻线背包来帮大家装打嘎那天所穿的干净衣服。

一般来说，在葬礼中有着潜在的规定，即各个寨子前来吊唁的女子须是已婚，未婚姑娘是不可以来的，但是对于未婚男性并无此限制。但是，在打嘎的当天，场地边上会出现一排排的打起伞、身着盛装的姑娘们，这是怎么回事呢？原来这些姑娘们并不是来吊唁的，她们是本寨子以及邻近寨子赶来找对象的姑娘们。因为打嘎是梭戛苗族规模隆重的一种仪式活动，聚集了数量较多的本民族青年，这是除了跳花节和赶场之外，姑娘小伙子们可以公开见面与认识的一个机会。这样的机会并不多，所以绕完嘎房的小伙子们不会像已婚男性那样离去，而是徘徊在这一排排花枝招展的姑娘们中间，寻找自己喜欢的人（图4-10）。所以，姑娘们会非常仔细地打扮自己，成群结队地赶到打嘎的场地。由于近年最新流行的头饰是集市上买来的红色纱花，所以姑娘们大多数梳起马尾辫戴上花，打起伞，这成为梭戛苗族葬礼上的一道别样风景。

图4-10　打嘎仪式中的年轻女性

第二节　婚恋制度与过渡仪式的民族服饰表征

当我们提起服饰的时候，脑海里最先浮现的是其物理属性，即款式、颜色、图案、面料、加工工艺等，这些都属于浅层文化结构，具有符号性特征。而潜藏在形态背后的审美取向、身份标示、价值观等一些美学、社会学甚至是哲学、心理学上的意蕴，则属于深层文化结构。二者互相统一，前者是后者的外部表现形态，后者是前者的内在规定和灵魂。我们可以通过视觉来识别服饰文化系统浅表性的表征，也可以通过理性思维去联系与归纳服饰的深层性文化征则。本节将重点探讨在梭戛苗族的婚恋习俗中，服饰在其人生过渡阶段中所扮演的重要角色。

一、梭戛苗族的传统恋爱习俗

梭戛苗族有着较为独特的婚恋模式。在梭戛苗族成长的环境中，有着多种多样的传统恋爱活动，为他们提供自由恋爱的场合和心理基础。

梭戛苗族的恋爱活动的终止是生育而不是结婚，也就是说经过繁杂的纳采、纳征、纳吉、请期、亲迎等繁杂的结婚程序之后，在生育之前，仍然是可以自由参加整个民族的恋爱活动的。在人生的这一特殊阶段，服装及配饰扮演着重要的角色。就浅表型方面讲，可在视觉上区分一个梭戛苗族恋爱阶段开始的被允许以及恋爱阶段结束的被禁止。就深层文化结构来说，恋爱活动中的服装及配饰的禁忌反映了梭戛苗族在其长期的社会历史与自然环境下形成的婚恋观念。

二、民族服饰与婚恋阈限表征

在众多仪礼习俗之中，要数围绕人生大事而进行的人生礼俗最为丰富和完善，诸如出生洗礼、成人冠礼、婚嫁喜礼、生日寿礼、死丧葬礼等。这些礼俗将人从出生、成长、步入社会、衰老、死亡的整个过程划分开来，使一个社会人通过这些仪式拥有了一个新的社会身份，且这种新的身份被整个群体所接受。服饰通常在这些仪式中，起着举足轻重的作用。这正如《华梅谈服饰文化》一文中提到的"服饰作为最普遍最直接的外显形式，成了保持社会有序的工具"①。

首先作为传达恋爱阶段的开始的符号，梭戛苗人通过服饰配件的变化来标志其在人生中走到第二个阶段——成人阶段，在成人礼上换装后就取得可以恋爱与性的许可资格。这是一种极为普遍的文化现象，曾"毫不例外地在世界各民族的社会历史发展过程中存在过"②。我国仍有一些少数民族至今保留着古老的成年礼俗。通过换服装配饰，或者改变发型作为开始成年人生活的标志。梭戛苗族同样如此，不过男性与女性的换装有着细微的区别：梭戛苗族男性主要以更换服装来标志自己步入成年。换上了衣服就标志着其已成人，可以参加当年的走寨活动了。而梭戛苗族女性则主要通过更换配饰完成这一角色的转变。她们成年后的服装与少女时候的服装是相同的，不同的是配饰的式样和材料发生了变化。梭戛苗族少女在13岁左右，她们的母亲会为其准备青黑色毡围和白色羊毛毡裹腿，用以取代儿童阶段的围兜，作为她们已成年的标志。梭戛苗族是以服装和配饰的改变使得受礼者接受并且使得社会承认其为成熟的人这个身份，从而完成社会角色的转换的。

其次用以传达终止婚恋活动的符号。德国文化哲学创始人卡西尔曾提出："我们应当把人定义为符号的动物来取代把人定义为理性的动物。"③服饰作为一个符号，标示一个梭戛苗人可以参加恋爱活动的开始，也标示一个梭戛苗人恋爱活动的截止。

一般来说，在当今大多数社会生活中，婚姻是恋爱行为的目的，然而，

---

① 华梅编著：《华梅谈服饰文化》，天津人民美术出版社2001年版，第243页。
② 伊力奇：《成人礼的来源、类型和意义》，《中央民族学院学报》1986年第3期。
③ ［德］恩斯特·卡西尔：《人论》，甘阳译，上海译文出版社1985年版，第34页。

梭戛苗族的婚礼却并不是终止恋爱行为的人生分界线。在梭戛苗族的传统社会风俗中，恋爱行为可以从成人期一直持续到生育期，也就是即使举行过婚礼这个人生重要的一个环节之后，尚未生育的年轻男女仍然可以参加跳花坡、走寨、晒月亮等传统恋爱活动。在梭戛苗族的生活中，生育是重要的分水岭，生育后的夫妻要给各自取一个老名，表示自己进入人生的另一阶段，在小孩过满月的时候告诉诸位亲戚。所以每个梭戛苗人一生中有三个名字。一个是小名，生下来后由父母命名；一个是学名，由父亲或者老师给起的，在登记身份以及读书的时候使用这个名字；此外还有一个名字是老名，就是生育之后自己给自己取的名字。取了老名之后就不可以再参加恋爱活动了，因为跳花坡是给年轻人恋爱提供场所的，生了小孩的人是"老人"就不可以去了。终止恋爱的阶段体现在服饰上的禁忌，主要表现为两点：第一，从服装制作工艺及色彩上来说，女性不能再穿红颜色刺绣的服装，男性将禁穿长衫与麻布裙裤而仅着麻布大褂；第二，从配饰上来说，过了恋爱阈限期的女性不能继续佩戴装饰性较强的刺绣包铜项圈而改为佩戴单个铜项圈。刺绣包铜项圈是将4—5个用红色毛线缠好后的铜项圈固定起来，项圈的前部分再用一块长约17厘米、宽约7厘米的绣片包裹上，用透明胶带或者针线固定后形成的一种颈部装饰品（图4-11）。男性也将禁止佩戴一切装饰性配饰，例如刺绣伞套、刺绣手电筒套、刺绣手帕、刺绣围裙等。

图4-11　刺绣包铜项圈

通过探讨梭戛苗族恋爱活动开始与终止时期特殊的着装，我们发现梭戛苗族的人生成长仪俗中存在着一个恋爱阈限时期。梭戛苗族通过重要仪式将人生分割成几个阶段，即出生、成人、结婚、生育、死亡，以仪式来协助他们完成社会身份的转变。当我们观察其服饰所体现的恋爱区间的时候，发现恋爱期是从成人礼之后，越过婚礼，一直到生育。也就是说梭戛苗人经过成人礼后，穿过了一种成年身份的门槛，即使经过繁杂的结婚程序，但是仍还没有进入正式的家庭身份，只有在生育后，夫妻双方身份才能转化为正式的家庭成员，不再继续出去参加恋爱活动。在这里，我们将结婚后仍可以恋爱活动，在社会中没有稳定身份的时期称为恋爱阈限期。阈限的概念来自拉丁文"极限"（limen），意指所有间隙性的或模棱两可的状态。[1]梭戛苗人在完成成人身份到家庭成员的身份为什么在经过隆重的婚礼过后仍存在属于过渡仪式的阈限期？首先是其婚姻制度发展的必然规律。梭戛苗族的祖先在封建时代的民族压迫中，与其他弱势族群一样，被较强大的民族驱赶，被迫迁移到人迹比较罕至的深山箐林中，生产力低下，长期处于氏族社会阶段，婚姻制度也处于较早期的对偶婚向一夫一妻制转化的阶段，两性的结合并不固定，知其母不知其父的情况仍然存在。时至今日，梭戛苗人仍保留多处母系之遗风。这属于社会生产方式所决定的婚姻制度发展的必然阶段，并与其独特的社会历史背景与经济环境紧密相关。其次是由于维系自身氏族生存发展的需要，长期生活在不安定的状况下，终日与饥饿、疾病、野兽抗争，与其他部族为争夺水源和土地斗争，死亡率非常高，人口成为其群体存在的重要变量，为了保存自己氏族的力量，其婚恋制度不得不在符合自身发展规律的同时最大限度地维持种族的繁衍，用以克服无比艰险的自然环境与人文环境。

---

① ［英］奈杰尔·拉波特、乔安娜·奥弗林：《社会文化人类学的关键概念》，鲍雯妍、张亚辉译，华夏出版社2005年版，第197页。

三、以配饰为媒介的恋爱阶段

除了用情歌来表达爱意外，梭戛苗人还使用服装配饰充当与对方沟通的媒介，含蓄地表达自己对对方的态度以及象征恋爱的不同阶段，例如可以充当体现恋爱第一阶段的服饰配饰主要有项圈，充当体现第二阶段的服装配饰有手电筒套、伞套、刺绣荷包等。

（一）爱的试探——项圈

梭戛苗族姑娘们脖子上的颈饰——项圈就是表达爱意的一种媒介。20世纪50年代以前，梭戛苗族男子颈饰与女子一样都是佩戴铜项圈。据老人杨少益回忆："我年轻的时候，也就是50年前，年轻男女都要戴项圈。男的在跳花坡、赶场、做客的时候戴。现在男女跳花坡也戴项圈，但是数目不同。那个时候男女都戴十多个，从肩膀上一直摞到下巴上。吃饭都压得脖子痛。最少也要戴七八个。现在的项圈太贵了，大家也不戴那么多了，现在梭戛生态博物馆建立后，30元人家都会来买一个。"现在项圈已经不再作为梭戛苗族男子传统服饰的一部分了，但是我们偶尔会在梭戛苗族的小伙子的脖子上发现项圈，这是怎么回事呢？这个项圈正是从小伙子中意的姑娘的脖子上取下来的，小伙子见到中意的姑娘，就会去与她讨项圈戴。若能讨来了说明姑娘也愿意交往；若是姑娘看上某位小伙子了，也可以主动把自己的项圈套在他的脖子上，小伙子如果不喜欢这个女孩，就会戴一下这个项圈或者戴几天之后送还，如果喜欢这个女孩就戴着，然后进入下一个环节——定情。

为什么梭戛苗族将项圈当作传递爱意的标志呢？原来在梭戛苗族的心目中，铜项圈作为一种装饰是传统服饰中重要的组成部分，有着重要的意义，这是梭戛苗族唯一不能亲手制作的传统服装配饰。它是财富的象征。在梭戛当地并不产铜，长期以来生产力水平很低，而且梭戛苗族的12个寨子都没有专门的铜匠，他们的铜项圈都是从场（集市）上买来或者换来的。据当地一位老人讲："20世纪50年代的时候没钱买不起项圈的，就用自己织的麻布去场上换。一丈麻布可以兑两个项圈。一卷可以换六个项圈。"青年男女脖子里戴得越多，说明家里财富越多。所以项圈成为梭戛苗族传递爱意的首选（图4-12）。

图4-12　铜项圈

（二）定情信物——花草鞋与刺绣荷包

小伙子在跳花坡的时候看上哪个姑娘就会要来她的铜项圈戴，戴几天就还的说明两个人没有下文了，但是戴3个月以上的就说明小伙子对这个姑娘是非常有决心的，这个时候就该去还这个铜项圈了，到姑娘家去时不能空着手，腰里得别着几双花草鞋来送给姑娘。这种花草鞋与平时寨子里面人们平时穿的草鞋不大一样，一般草鞋是直接用稻草以及棕榈皮来做的，而花草鞋都是抽稻谷的芯子打来的，因为芯细，打出来会比较好看。抽出芯子后再槌蓉，然后慢慢搓，搓成索子，慢慢打，然后挂在房后让每日的露水打、太阳晒，就变成白色的了，这样做出来的是精致的白色草鞋，非常漂亮（图4-13）。小伙子打好草鞋后，会让姐妹或者妈妈在上面绣几朵花成为花草鞋。这种制作繁杂精细的花草鞋对于姑娘们来说，还

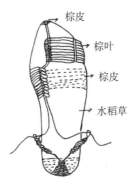

图4-13　草鞋　　　　　　　　　图4-14　绣花荷包

有着特殊的意义，因为这是小伙子送给她们的定情的信物。如果姑娘也愿意，就绣一对绣花荷包（上衣的口袋）（图4-14）给小伙子做信物，这样一来二往后若能够征得父母同意的话，就可以进行婚姻事项的讨论了。

20世纪70年代，手电筒进入了梭戛苗族的生活，手电筒成为走寨小伙子必备的东西，手电筒套成为新的定情信物。然而男子传统服装中的荷包比较小，手电筒没有地方放，聪明的梭戛苗族妇女便用灵巧的双手制作出绣满花纹的手电筒套来送给自己的兄弟以及情人，手电筒套的两端连接有刺绣的背带，这样手电筒装到套里面以后，就可以斜背在胸前，成了服饰的一部分（图4-15）。渐渐地，手电筒套成为走寨小伙子身上必备的一个很实用的饰品。这时的手电筒有了两种功能，一是照明，二是装饰或者是炫耀。梭戛苗人钟爱手电筒还有一个更深层次的原因，那就是在当地的年轻男女赶场谈情说爱时，如果女方对男方有意，那么她就会从男方的衣兜中掏出几块钱，给男方买一对电池，意思是晚上男方可以拿着手电筒去找她晒月亮了。当小伙子送给姑娘定情信物的时候，姑娘也可以缝制一个精美的手电筒套作为回报。正因为手电筒和爱情紧密相连，姑娘在刺绣手电筒套子时，更注入了一份特别的情感。

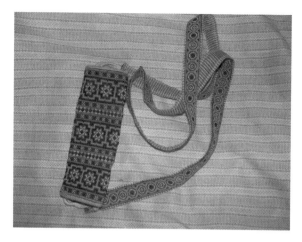

图4-15　刺绣手电筒套

　　不同社会文化中的人都会用与人体装饰有关的物品来作为传达爱意的媒介，并且用其来标示恋爱的不同阶段。在经济欠发达地区，人们习惯上用自己亲手制作的精致的工艺品来作为定情信物；而在都市生活中，大多数人习惯用购买的贵重首饰来作为定情信物。为什么梭戛苗人会使用花草鞋和荷包作为传统的定情信物呢？这与他们的社会分工及价值评价体系有着很大的关系。

　　在梭戛苗人的生活中，女主内男主外是其典型的生活模式。由于梭戛苗人长期生活在比较闭塞的深山里面，许多东西需要自给自足，每个家庭都是一个独立的可以生产消费的个体。在艰苦的生存条件下，男人与女人分工非常明显，需要各司其职，男性承担建造房屋、耕作田地、出外打工、购买生活必需品等工作。女性则负责制作服装、饲养牲口、背水、做饭等家务性劳动以及辅助性劳作。能够自己生产制作出全家人的衣服是梭戛苗族妇女的一项基本技能。男方择偶的前提就是女方必须会绣花做衣服，其次才是容貌家境人品等。也就如前文所提到的在社会角色分工、服饰的生产与制作都是妇女的专门职责，她们需要自己种麻、纺麻、绩麻、织布、制作全家老少的服饰穿戴。可以这样讲，刺绣蜡染工艺的好坏是梭戛苗族妇女社会价值实现的最大体现。由于男子在有子嗣之后不能继续参加传统恋爱活动，所以整套的服饰须换下，所着衣衫只有一个位置可以使用刺绣，就是荷包。姑娘送出荷包的意义代表想和男方共度一生。另一方面，常言道"民以食为天"。作为男方来说，能够种好稻田是其能够婚配的前提。如果男子不能种田，意味着全家将没有生存的基础。正因为如此，男女双方都通过用最体现自己社会分工价值的复杂的手工艺品作为定情的信物。所以男方制作的花草鞋需要用稻谷的芯打造，而女方则用精致的刺绣荷包来作为信物。

第三节　从服饰文化谈包办婚姻与文化基因溯源

苗族由于内部分支众多，分布地域广，经济发展参差不齐，因而婚恋习俗也包含多种形式。以婚姻模式来讲，主要有自主婚、半自主婚、包办婚、买卖婚、抢劫婚等，随着全球一体化进程的推进，许多地区的苗族的婚恋习俗也逐渐与汉族相同，梭戛苗族聚居区由于地方偏僻、经济落后，原有习俗反而保存较为完整，这也是亚洲第一座生态博物馆在此建立的原因。在现今的梭戛苗寨中，自主婚、包办婚并存，是传统苗族婚恋习俗较为集中体现的一个地区。在对梭戛苗族服饰仪俗文化的考察中我们发现，当地存在恋爱自由却包办婚姻的现象。

一、包办婚姻与哀怨情感表现

中国古代婚姻礼仪讲究六礼，即从议婚至完婚过程中的六种礼节：纳采、问名、纳吉、纳征、请期、亲迎。这一娶亲程式，周代即已确立，最早见于《礼记·昏义》。经过春秋战国时期的逐步完善逐渐成为汉民族的习俗，经几千年流行不衰，时至今日，许多汉族偏远地区以及部分少数民族地区，仍然按六礼中的程序娶妻嫁女。正如那句古话，"礼之不存，求诸四夷"。梭戛苗族的传统婚俗亦是如此，隆重而复杂。其主要的仪礼程序是将六礼简化之后的五礼①。

（一）纳采

纳采是六礼之首礼。确定恋爱关系的青年男女，在征得双方父母同意之后，男方即请媒人带一只公鸡和一只母鸡到女方家说亲，行纳"采择之礼"。女方家则把大门关闭，媒人要与女方长辈通过对话，达成协议，才能进女方家，男方求亲人进入房屋之后，要立即给女方家所有的在座的长辈分别磕头。接着男女双方的媒人进行谈判，讲定礼金。

（二）纳征

纳征亦称纳成、纳币。就是男方向女方送聘礼。《礼记·昏义》孔颖达疏："纳征者，纳聘财也。征，成也。先纳聘财而后婚成。"② 男方是在纳吉得知女方允婚后才可行纳征礼的。历代纳征的礼物各有定制，民间多用首饰、细帛等项为女行聘，谓之纳币，后演变为彩礼。梭戛苗族双方家庭经常在这个问题上经历"拉锯战"，小则一天，多则三五天。男方父母首先要请一个能说会道的媒人提着酒、鸡、鸭到女方家送彩礼。彩礼是娘家人的面子，彩礼越多越表明姑娘人品越好，手越巧。双方讨价还价，直到男方家将彩礼如数交给女方家，女方父母才会同意进行下一步——杀鸡待客。

（三）纳吉

女方杀鸡摆酒待客后，会用鸡骨来卜卦，"合"表示吉利，女方家会同意这门亲事，这个过程就是纳吉。这在梭戛苗族的结婚酒令歌里有反映：

---

① 张怀承：《中国的家庭与伦理》，中国人民大学出版社1993年版，第155页。
② 张茂华、亓宏昌主编：《中华传统文化粹典》，山东人民出版社1996年版，第163页。

姑娘在的时候吃的是父母的饭，下的是父母的菜，她长这么大，都没有人喜欢过她，直到今天才来了一个小伙子，说要她去做新娘。哟——

姑娘在的时候吃的是父母的饭，穿的是父母的衣服，她长这么大，都没有人喜欢过她，直到今天才来了一个小伙子，说要跟她订婚。哟——

姑娘的母亲听了之后，很高兴地拿来一壶酒，宰了一对鸡，放在桌子上，吃完鸡肉看鸡卦。鸡卦的每筹都非常好，于是这门亲事就定下来了，让这个姑娘也快要有一个家了。哟——

姑娘的母亲听了之后，很高兴地拿来一壶酒，宰了一对鸡，放在桌子上，吃完鸡肉看鸡卦。鸡卦的每筹都十分好，于是这门亲事就定下来了，让这个姑娘也快要有一个归宿了。哟——

姑娘的父母做的饭菜她不想吃，于是就要让她与这个小伙子带到路上去吃，女的走到半路要吃饭，男的要歇下来抽烟。别人到半路，歇下来的时候，都是满脸笑容，但是这个姑娘歇下来的时候激动得泪流满面。哟——

姑娘的父母做的饭菜她不想吃，于是就要让她与这个小伙子带到路上去吃，女的走到半路要吃饭，男的要歇下来抽烟。别人到半路，歇下来的时候，都是满脸笑容，但是这个姑娘歇下来的时候想起这么多年都没有人喜欢过她，今天以后她也有了自己的家，就像一朵花一样长在那丛林中，开得如此灿烂。兹呓依哟——

——杨永富演唱，熊光禄翻译，安丽哲录音整理

郑玄在《礼记·昏义》注："归卜于庙，得吉兆，复使使者往告，婚姻之事于是定。"[1] 与传统六礼不同的是梭戛苗族婚嫁习俗是先纳征后纳吉，而非先纳吉后纳征。

---

[1] 张茂华、亓宏昌主编：《中华传统文化粹典》，山东人民出版社1996年版，第163页。

（四）请期

请期又称告期，俗称选日子。男方家会派人到女方家去通知成亲迎娶的日期。《仪礼·士昏礼》："请期用雁，主人辞，宾许告期，如纳征礼。"请期仪式历代相同，即男方家派使者去女家请期，送礼，然后致辞，说明所定婚期，女方表示接受，最后使者返回复命。

（五）亲迎

亲迎是新郎亲自迎娶新娘回家的礼仪。

总的来说，梭戛苗族传统的婚姻模式主要是由中国古代婚姻六礼演变而成的五礼，即从议婚至完婚过程中的六种仪礼程序，即纳采、问名、纳吉、纳征、请期、亲迎简化为：纳采、纳征、纳吉、请期、亲迎。结婚以后的双方仍然可以参加跳花坡，然而等女方生育以后就不能再参加此项活动了。从婚姻的程序上我们就可以明显地看到主婚权仍然控制在父母手中，也就是说在跳花坡中自由恋爱的男女并不一定能最终结婚，决定权完全取决于父母。在这五礼中，纳吉是非常关键的一个程序，若女方父母对男方不满意，就可以用事先准备好的假鸡卦替换真实的结果来否定此次婚姻的合理性。

尽管梭戛苗族传统习俗为年轻男女提供了许多自由恋爱的场所，然而据调查多数夫妻的结合并不是自由恋爱得来的，而是自幼父母给定的娃娃亲，到2000年初这种定娃娃亲的现象还比较普遍。娃娃亲一般在男孩女孩7—10岁的时候定，也有一部分是在十七八岁订婚的。有的人对父母包办的婚姻喜欢，有的不喜欢，但是他们别无选择，尤其是女方家需要收受男方家一大笔聘礼，如果成年后不去结婚，则需加倍偿还聘礼，拿不出来只能被迫结婚。在我们搜集到大量山歌中反映了这样的现实。

山歌一

姑娘的母亲给姑娘穿一件好衣服，但要逼着姑娘去嫁给一个不喜欢的人。

姑娘的母亲给姑娘穿上一件好裙子，但要逼着姑娘去嫁给一个不喜欢的呆子。

她跟母亲说："我吃了他（丈夫）家的饭，就要听他家的话。他家每天都把我当牛做马，如果你们还要逼我的话，我可能会去寻死。他还说，你们收他家的钱我就应该帮他做这些活。你们收了他家的银两，即使我做到死他们心里也不满。如果你们还这么逼我的话，我宁愿去省外，即使作乞丐我也愿意，无论死在哪里，我都心甘情愿。"

——杨永富演唱，熊光禄翻译，安丽哲采录整理

山歌二

姑娘穿上一双绣花鞋，鞋上绣有三根银线，姑娘很想让父母取消自己的婚约，但她想不到她的背上还背负着别人千万两银子。

姑娘穿上一双绣花鞋，鞋上绣有三根金线，姑娘很想让父母取消自己的婚约，但她想不到她的背上还背负着别人千万两金子。

——熊少文演唱，熊光禄翻译，安丽哲录音整理

这种现象并不是仅仅在梭戛苗族的社会生活中出现，其他苗族分支也存在这个问题，《苗族史诗》的《寻找祭服》一篇中描述了相似的情况。

九姐叫阿苟，丈夫不好她不嫁，逼死也不怕，又打官司又闹架，水田卖了一大坝，后来嫁给汉人家，她倒也安心了。[1]

---

[1] 马学良、今旦译注：《苗族史诗》，中国民间文艺出版社 1983 年版，第222页。

可以说梭戛苗族的婚姻现象以包办婚姻为主，自由婚姻为辅的。跳花坡是男女非常自由的一种恋爱方式，然而结婚却是遵父母之命的。当然，这主要是指父亲的决定。我们对寨子里的父亲们做了一个调查，研究他们如何给自己的女儿选择婚姻对象，结果显示，不外乎三种情况，有的是两家父亲关系好，有的是由于对方家有财，有的是对方家有地位或者能干。总之，原则上用一位父亲的话来概括就是"可以用得着"。

不过，也有少数通过自己跳花坡最终成婚的，青年男女是通过跳花坡将满意的对象带来见父母，父母就要请人看鸡卦，如果鸡卦卦象比较吉利就可以成婚，如果卦象不佳就会拒绝这门亲事，但是靠走寨娶来媳妇的是少数。因为据老人们讲，这个鸡卦其实完全操纵在父亲手中，如果不同意就可以事先准备好不吉利的鸡卦随时替换掉好的鸡卦，也就是说决定权仍然在父亲这里。

尽管有些人的婚姻比较幸福，但是有些人的婚姻却勉强维持，互相不喜欢以至于造成了许多负面的结果。我们采录到的30多首山歌孕育着深厚的情感，在包办婚姻的藩篱下，青年男女的歌声里充满了哀怨。山歌里多次以服饰的制作以及部件起兴，也揭示了服饰在其生活中的重要性，听到这些歌曲与旋律，我们仿佛可以看到梭戛苗族姑娘缝制着衣服，哼着歌，宣泄着对包办婚姻的不满，而小伙子们则惆怅地远远望着忙碌制作服饰的心上人，吹着三眼箫，表达自己求而不得的痛苦心理（图4-16）。

图4-16 吹着三眼箫的梭戛苗族男子

山歌三

铜锅做饭非常好，银瓢舀来金碗装，我父母做的好菜好饭我都不愿吃，我情愿与你一起吃毒药。即使是我死了也值得呀。

铜锅做饭非常好，银瓢舀来金碗盛，我父母做的好菜好饭我都不愿吃，我情愿与你一起去乞讨。即使是我死了也值得呀。

——熊少文演唱，熊光禄翻译，安丽哲录音整理

山歌四

女儿穿上了母亲给做的衣服，尾部绣上了三朵漂亮的黄花，她每天都穿着这件心爱的衣服和心爱的人谈，但是也要听父母的话才好呀。

女儿穿上了母亲给做的衣服，尾部绣上了三朵漂亮的红花，她每天都穿着这件心爱的衣服和心爱的人谈，但她不知道怎么样才能和她不喜欢的那个人过一生。

——熊少文演唱，熊光禄翻译，安丽哲录音整理

有的山歌以男性的身份表达对辛勤的女性所处的包办婚姻的不幸福的感慨以及对美好爱情的向往，这些最直接的表白让我们想起了《诗经》中的《国风》，因为这些山歌最常用的方式是起兴，即先从周围的虫草或者风景说起，说到自己的现状以及自己关心的妹妹的现状。我们搜集山歌分为两类，一类是老年人唱的，一类是年轻人唱的。老年人的歌中主要为婚后男女之间的感情，包含了很多关于已婚妇女在包办婚姻后的不幸福生活的信息。而年轻人的歌中多为未婚男女反抗包办婚姻的歌曲，例如由于父母的原因，自己喜欢的人嫁给别人而自己仍然单身一人的感叹。

山歌五

竹子好编篓，背篓有一个好的底。两年前我所喜欢的人很多，但父母却不同意，两年后，我虽然说服了他们，但是我以前喜欢的人都

有了自己的家。我不知道去找谁来和我过这一辈子呀！

竹子好编箩，背箩有一个好的口。两年前我所喜欢的人很多，但父母却不同意，两年后，我虽然说服了他们，但是我以前喜欢的人都有了自己的伴。我不知道去找谁来和我过这一辈子呀！

——杨宗祥演唱，熊光禄翻译，安丽哲录音整理

二、自由恋爱与包办婚姻的矛盾之探

（一）民族融合与包办婚姻现象之由来

在梭戛苗族的世界里，自由之恋非常普遍，然而在婚姻缔结的问题上绝大多数体现为包办与买卖式的家长制婚姻。这婚恋观的悖论后面的隐藏的原因是什么呢？笔者以梭戛苗族的陇戛寨为切入点，从微观的角度分析包办婚姻的来源。每一个族群的形成都是复杂的，在探讨一个族群的文化的时候必须对其历史形成进行探讨，这时候许多文化现象都得到了解释。

就陇戛寨来讲，据2005年的实地调查数据，全寨有140多户人家，其中有杨、熊、李、王四姓。但是这四个姓氏并不代表四个家族。杨姓里面又具体分为三限杨、五限杨，这个限有两种解释，一种是说一限就是一代人，三限代表来这里三代人了，五限代表来了五代人了；另外一种讲法是说根据各个家族祭祀祖先的辈分不同而来，祭祀三代祖先的就是三限，祭祀五代祖先的就是五限。在本寨，三限杨大约占全寨户数的三分之一，五限杨大约占全寨户数的三分之一，五限熊大约占全寨人的三分之一，二限王一共只有两户。随着调查的继续，我们发现原来五限杨虽然都是祭祀五代的祖先，却祭祀着两家完全不同的家谱与祖先，三限杨祭祀着三家完全不同的家谱与祖先，也就是说，五限杨还分两个家族，三限杨分三个家族，分别于不同的时期从不同的地方迁入陇戛寨。这样算下来，在陇戛寨一共有七个种姓家族，分别为一个五限熊，两个五限杨，三个三限杨，一

个两限王。而李家在陇戛寨只剩下一位老太太在世了，所以不再算是一个家族。

在陇戛寨这个地方生活的最早只有李家，他们的祖先是小花苗。据熊家的描述，他们的老祖先是湖南的汉族人，当年剿水西的时候跟随吴王来打仗，打完仗之后就没再回去，在织金县熊家场讨得了个歪梳苗的媳妇，那个时候在织金县的都是歪梳苗，这个媳妇生有8个儿子，分为了2支，一支成为苗族，一支成为汉族。留在熊家场的那支成了汉族，他们现在都还存有家谱的，家里过得红火，出了很多大学生，而另外一支后来到了织金纳雍交界的地方一个叫作三家苗的小寨，这个小寨有熊、王、杨三个姓，其中熊家与王家是歪梳苗，杨家是短角苗。熊家老祖爷在那里很出名，叫作熊振全，苗名叫作崩古，从他到现在这一代就10辈人了。后来老祖爷遇害后，那个地方总是有人来抢劫，子孙都稳不住了，先是跑到安柱，再后来迁到陇戛寨，在这陇戛寨生活了七八代的样子，将近200年了。后来这三个姓的人都跑到现在这十多个寨子里，慢慢都成了头戴长角的梭戛苗族，那个三家苗已经荒了，现每到过年的时候，凡是从三家苗来的熊、王、杨姓人，也还要过去拜祭祖先。

熊家之后没多久到达陇戛寨的是上文提到的三家苗的短角苗——三限杨杨朝忠家。

杨朝忠的老祖爷迁入陇戛寨不久，大约150年前，五限杨杨少益的祖爷从织金县迁入，本来他们是歪梳苗，在战乱的时候开始流亡，正好走到这里有个苗族寨子，语言相通，风俗相习惯似，于是头戴歪角的苗族杨家儿子娶了当地头戴长角的苗族女子并且留在了这个地方，慢慢成为梭戛苗族。

五限杨杨少益的祖先之后是五限杨杨宏祥家祖先于120多年前由织金县迁入，杨宏祥家祖先同样为歪梳苗。

杨宏祥祖先来到陇戛寨之后，大约90年前，三限杨杨得学家的母亲携带刚几岁的杨得学迁入。杨家是从纳雍县迁徙过来的短角苗，在纳雍现在还有很多的本家。本家杨光辉家还有家谱，家谱中记载：当时苗人反乱了12年，杨家祖先造反，被清政府打到扁担山，再逃到发离，这个地方属于纳雍，比较远，每年杨得学还会去那串坟。杨得学一家在发离待了六七十年的时间，又在桂花树待20多年，桂花树这个地方属于现在的马场乡，后来杨得学的父亲杨顺清去世之后，母亲带着孩子到了陇戛寨。

杨得学一家迁入陇戛寨之后，大约在80年前，三限杨杨国学一家也从三家庙迁入，杨国学一家也为短角苗。

最后迁入陇戛寨的是村主任王兴宏家。王家为二限王，在陇戛寨一共两户，与其他各个家族比较，王家是比较地道的梭戛苗族，据王家老人讲述，王家在400多年前迁入水城县与纳雍县交界的吹垄场地，那里聚居着很多头戴长角的苗族，但是那里海拔太高，等到冬腊月的时候，白天到处都是雾气，看不到人。自己家十五六辈人都住在场地，后来有个老祖爷下山到岩脚镇赶场的时候看到安柱的气候好得多，没有那么多雾气，就携家属搬迁下到安柱，其他族人也陆续迁出场地。王家在安柱寨大概住了有7辈人，但是由于自家的老祖爷是清朝的老寨，帮官家收租，后来划分为富农，祖爷也在这个时候去世了。之后，老祖奶为了躲避政治风波，带着刚生下个把月的儿子于60多年前从安柱寨迁入陇戛寨。

综上所述，无论是短角苗，歪梳苗，还是汉族，在历史的洪流中，在这一个固定的区域形成了如今统一服饰语言和习俗的梭戛苗族。然而其婚姻制度不可避免地携带了其族源的历史烙印，从下面图表中可以看到陇戛寨苗族的构成（表4-1）。

表4-1　陇戛寨苗族的构成

家族	族源
三限杨	短角苗
五限杨	歪梳苗与梭戛苗族的后代
熊家	汉族与歪梳苗的后代
王家	梭戛苗族
李家	小花苗

五限杨家占了陇戛寨约三分之一人口，是歪梳苗与梭戛苗族的后代，而歪梳苗在当地又称汉苗。据当地人说，这只苗族的先祖男方本是汉族，是从江西、湖广一带辗转而来的游走四方的货郎。一天，这位汉族后生来到这一带，在水井边遇到一个背水的苗族少女。两个人互生爱慕，结成了夫妻。他们的子孙后来就发展成了今天歪梳苗的这一苗族支系。而另外一个大家族，占寨子里约三分之一人口的熊家是汉族官兵与歪梳苗的后代。王家尽管是地道的苗族，然而他们的老祖先是清朝时期的老寨，给官家收租的。这其实代表了大多数苗族与汉族文化融合的两种成因，一种是由于融合了汉族成员，所以带有其族源文化的烙印，另外一种则是由于历史原因，明清时期之后，在军事上被征服，在政治上经过"王化"（也就是实施封建主义政治建制和经过封建主义改造），以及在习俗上接受汉族封建文化的苗民，称之为"熟苗"，使得其传统文化产生重大改变。综合陇戛寨三大家族的情况来说，他们的家长制的婚姻制度形成于其族源文化背景的历史积淀，然后成长于后期相对闭塞的地理环境中，所以形成了以家长包办为主，自由婚姻制为辅的婚姻习俗。在中国的传统文化中，家庭一直都被视为社会的最小组成单位。家国同构是儒家文化在政治上的核心观点，家庭制度是社会制度的核心部分，男性家长权力是最高的统治权力。我们看到在梭戛苗族的社会生活中，同样是以男性家长权力为最高的权力，运行着一整套以男性利益为中心的生活规则，包括父系继嗣、包办婚姻、从夫居的男性偏好等。

（二）结婚之后的恋爱"自由"

以男性权力为中心的家长制，使得大多数梭戛苗族青年男女不能自由选择婚姻的对象，然而在隆重的婚姻仪式之后，夫妻双方却都可以参与整个族群的恋爱活动，也就是夫妻双方仍然可以自由与他人恋爱交合，直至生育。由于处于这个时期生育的子女处于知其母不知其父的情况下，梭戛苗族的财产制度实行幼子继承制。这与农业文明下包办婚姻以及工业社会现代文明的婚姻制度都有着明显的区别。究其原因，除却前文提到的受到其祖先汉族成分以及其祖先置于当时政府的统治之下所受到的文化影响外，梭戛苗族还有另外一个文化脉络那就是苗族本身的文化传承，是自古以来生活在高山大箐中的生苗的文化体系的延续。清方亨咸在《苗俗纪闻》中说："自沅州以西即多苗民，至滇、黔更繁，种类甚多……但有生熟之异。生者匿深箐不敢出，无从见；熟者服劳役纳田租，与汉人等，往往见之。"龚柴在《苗民考》中说："其已归王化者，谓之熟苗，与内地汉人大同小异；生苗则僻处山洞，据险为寨，言语不通，风俗迥异。"这个文化建立在特殊的长期的历史经历中，带有明显地方特色和适应山地经济文化特色。与我国基诺族、纳西族等少数民族相同，长期生活在高山大箐里的苗族人民，由于生产力水平低下和生活环境的封闭，过着农耕与渔猎结合式的生活，婚姻也带有氏族后期的对偶婚向一夫一妻制转化的特色，在婚后及生育前两性的结合并不固定，知其母不知其父的情况仍然存在，时至今日，仍保留多处母系之遗风。这属于社会生产方式所决定的婚姻制度发展的必然阶段，并与其独特的社会历史背景与经济环境紧密相关。梭戛苗族的祖先在封建时代的民族压迫中，与其他弱势族群一样，被较强大的民族驱赶，被迫迁移到人迹罕至的深山箐林中，长期生活在这种不安定的状况下，终日与饥饿、疾病、野兽以及其他部族为争夺水源和土地斗争，死亡率非常高，人口成为其群体存在的重要变量，为了保存自己氏族的力量，其婚恋制度不得不在符合自身发展规律的同时最大限度地维持种族的繁衍，用以克服无比艰险的自然环境与人文环境。

婚姻是人类社会发展到一定阶段的产物，并伴随着人类社会的发展而发展。梭戛苗族婚恋结构由于其特定的文化传承与经济结构，将人类文明发展的不同阶段婚姻关系结合起来，呈现了家长制包办婚与母系制自由婚结合的特点。

第五章

传统民族服饰教育与文化传承

第一节　民族艺术教育是民族文化传承的重要方式

著名人类学家爱德华·泰勒将文化定义为一个复杂的整体，包括作为社会成员的人们所接受的知识、信仰、艺术、道德、法律、风俗，以及其他各种能力和习惯。[①]泰勒对于文化的定义具有开创性，然而也存在着缺乏文化的获得性、整合性及对文化行为的规定等缺陷。后来的人类学家们一直试图对该定义进行完善。比如，著名人类学家马林诺夫斯基将文化的定义做了进一步的拓展，他已不再将文化限定为信念、价值观和行为，而是"指那一群传统器物，货品，技术，思想，习惯及价值而言"[②]，他将技术系统、社会及观念系统都包括在文化之中；美国人类学家康拉德·菲利普·科塔克则将文化依次界定为，"文化是习得的"，"文化是共享的"，"文化一直以来都被看作是代代相传的社会黏合剂，通过人类共有的过去将人

---

① Edward B. Tylor, *Primitive Culture*, Harper&Row, 1958, p1.

② ［英］马林诺夫斯基：《文化论》，费孝通等译，中国民间文艺出版社1987年版，第2页。

们联系起来，而不是一个时代创造出一种当时的文化"①；而拉尔夫·林顿在1954年提出文化的定义时，强调了文化行为的习得性、文化行为结果的组合性和"传承"性。②正是在习得性和传承性两个维度上，文化和教育彼此交融，正如有的学者所说，"教育的过程就是文化的过程，教育的内容就是文化的内容，教育的形式就是文化的形式"③。每一种文化都有着自己的记录、传承和发展的方式。

即使在没有文字的民族文化中，仍然存在传承其民族文化内核的各种载体，体现在梭戛苗族中，就是基于性别分工的各种艺术形式。歌曲是男性传承本民族文化最主要的载体。这些歌曲有祭祖仪式中的祭祖歌，丧葬仪式中的引路歌、丧歌、酒令歌，结婚仪式中的酒令歌，跳花坡仪式中的山歌和进门歌等。这些歌曲的内容非常丰富，有的讲述的是远古的历史，有的讲述的是以前的物质生活、精神生活以及婚姻生活的，还有的讲述的是服饰纹样的由来。当我们将采集到的这些歌记录并翻译出来时，就像发现了这个民族的一本厚重的历史书。

然而用声音来传承民族文化有着很大的局限性，他们自己也认识到这个问题，并将这个问题反映在记录历史的酒令歌里。在酒令歌中有一首关于鱼龙传说的歌。

> 有一条龙早晨起来，抓了依拉罗丝（人的名字）的一个大儿子，
> 龙鱼傍晚游来抓住了依拉罗丝的一个小儿子。
> 伤了依拉罗丝的心，伤了依拉罗丝的肝。
> 依拉罗丝就开始去找那条龙，也去找那条龙鱼。
> 看见龙在田坝里，看见龙鱼在河里。

---

① ［美］康拉德·菲利普·科塔克：《简明文化人类学：人类之镜》，熊茜超、陈诗译，上海社会科学院出版社2011年版，第44—50页。
② ［美］V. 巴尔诺：《人格：文化的积淀》，周晓虹等译，辽宁人民出版社1988年版，第6页。
③ 庄晓东主编：《文化传播：历史、理论与现实》，人民出版社2003年版，第98页。

哟！

有一条龙早晨起来，抓了依拉罗丝（人的名字）的一个大儿子，

龙鱼傍晚游来抓住了依拉罗丝的一个小儿子。

伤了依拉罗丝的心，伤了依拉罗丝的肝。

依拉罗丝就开始去找那条龙，也去找那条龙鱼。

看见龙在田坝里，看见龙鱼在石坷垃。

哟！

依拉罗丝到处去找这条龙，到处去找这条龙鱼，

找这条龙找了九个地方，找这条龙鱼找了九个地名。

这条龙走遍了九条路，这条鱼就躲到了一个很深的水潭里。

哟！

依拉罗丝到处去找这条龙，到处去找这条龙鱼，

找这条龙找了九个地方，找这条龙鱼找了九个地名。

这条龙走遍了九条路，这条鱼就躲到了一个很深的河沟里。

哟！

依拉罗丝为了找到这条龙和那条龙鱼，走遍了许多山，跨过了许多水。

看到龙鱼在老目的田坝里，看到龙在老目的崖头上。

母龙害怕了，就开始露面。

雄龙害怕了，就开始起身。

依拉罗丝开始用刀砍，

把母龙杀倒，

把雄龙杀翻。

母龙到处跑，

雄龙到处撞。

汉族人知道了，就用笔把它记下来。

苗族人不识字，才把它当作一种传说。

哟!

依拉罗丝为了找到这条龙和那条龙鱼，走遍了许多山，跨过了许多水。

看到龙鱼在老目的田坝里，看到龙在老目的崖头上。

母龙害怕了，就开始露面。

雄龙害怕了，就开始起身。

依拉罗丝开始用刀砍，

把母龙杀倒，

把雄龙杀翻。

母龙到处跑，

雄龙到处撞。

汉族人知道了，就用笔把它记下来。

苗族人不识字，才把它当作一种神话。

哟!

依拉罗丝看见了石山多么美丽，

看见依莫山长在一边，

石山一天可以生出3600个小孩，

依莫山一天可以生出3600个有智慧的孩子。

母龙睡在石山脚下，

雄龙就把它的女儿叫到了安住的神树林。

安住的神树林就成了母龙的一个女儿。

母龙才去认了嘎宗和的一个人做它的娘舅。

哟!

依拉罗丝看见了石山多么美丽，

看见依莫山长在一边，

石山一天可以生出3600个小孩，

依莫山一天可以生出3600个有智慧的孩子。

母龙睡在石山脚下，

雄龙就把它的女儿叫到了安住的神树林。

安住的神树林就成了母龙的一个女儿。

母龙才去认了嘎宗和的一个人做它的哥。

哟！

依拉罗丝看见了石山多么美丽，

看见依莫山长在一边，

石山一天可以生出3600个小孩，

依莫山一天可以生出3600个有智慧的孩子。

母龙说：安住发髻山叫泥发左。

汉族人和彝族人说：发髻山叫依哈要。

苗族人只能把发髻山说成是一种神话。

哟！

依拉罗丝看见了石山多么美丽，

看见依莫山长在一边，

石山一天可以生出3600个小孩，

依莫山一天可以生出3600个有智慧的孩子。

母龙说：安住发髻山叫泥发左。

汉族人和彝族人说：发髻山叫依哈要。

苗族人只能把发髻山说成是一种传说。

兹呦依呦！

——熊国武演唱，熊光禄翻译，安丽哲2005年夏采集

这首酒令歌讲述的是一个名字叫依拉罗丝的苗族先人，他的两个儿子分别被龙与龙鱼部族的人抓走，于是先人为救回儿子，走遍千山万水，锲而不舍地追击龙与龙鱼，最后终于在一座像发髻的山跟前，经过激烈的斗争打败了敌人，最后双方和解认亲，并生下了上千的子孙。我们现在看

来，这段古歌讲述的应该是苗族祖先与以龙以及龙鱼为标志象征的族群发生战争，最后和解认亲的一段历史。这首歌反复吟唱这样一句"汉族人知道了，就用笔把它记下来。苗族人不识字，才把它当作一种传说"[①]。我们知道声波的传播是有空间性与时间上的限制的，不易流传和保存。用一首歌来同时记录一个词的意与声，或者说将形象描述与语音发音同时记录在一首歌中并代代留传下来，是非常困难的，他们在歌里唱道"汉族人和彝族人说：发髻山叫依哈要，苗族人只能把发髻山说成是一种神话"[②]。这里讲的是经过多年后，关于和解认亲的那个地名，苗族人已经不记得了，只能笼统地说那是像发髻的一个山，有文字记载的汉族人和彝族人经过很多年却可以说出山名叫依哈要。而且一旦一首歌消失了，那么其中承载的历史片段或者关联性也随之消失，以至于相关的历史是碎片化的。更严重的是，一旦传承主体的语言发生变化，那么这些曾经承载民族历史文化的歌也会很快消失。

服饰以及纹样所构成的视觉艺术符号是梭戛苗族女性承载民族历史与文化最重要的载体。服饰与纹样承载的意义超出了它的物质本身，与宗教信仰、精神生活以及其他社会力量联系在一起，是梭戛苗族最重要的记录民族信息的方式。相比于以声音方式的记录传承，这种视觉艺术符号具有超越时间和空间的特点，带有物质文化与非物质文化共同的特征。英国形式主义美学代表人物贝尔认为："一般来说，原始主义的艺术是杰出的，在此，我可以再度用上我的前提。因为，作为一种规则，原始主义艺术也脱离了描述的形制。在原始主义艺术中，你找不到精确的再现，而只有有意味的形式。"[③] 在梭戛苗族的纹饰中，没有任何精确的再现，而是采用抽象

---

① 安丽哲：《符号·性别·遗产——苗族服饰的艺术人类学研究》，知识产权出版社2010年版，第256—258页。
② 安丽哲：《符号·性别·遗产——苗族服饰的艺术人类学研究》，知识产权出版社2010年版，第256—258页。
③ ［英］克莱夫·贝尔：《艺术》，周金环、马钟元译，中国文联出版公司1984年版，第165页。

的视觉形象来从另外一个角度记录他们的历史与文化。首先看服装是如何承载记忆的。梭戛苗族的上装非常奇特，前面是对襟样式，短至腹部，后面是长条状后襟，长至小腿。在访谈中我们得知，他们称服装的后襟叫作野鸡的尾巴。由于相关的酒令歌已经遗失，当地人已经不能进行进一步说明这样后襟的由来了。许慎在《说文解字》中载"尾，微也，古人或饰系尾，西南夷亦然"[①]；《后汉书·南蛮传序》又载苗族先民"织绩木皮染以草实，好五色衣服，制裁皆有尾形"[②]，可见尾型的服装其实历史非常悠久。他们的裙装属于中长裙，镶嵌有不同数量的刺绣带或者蜡染条。当地人将此裙称为迁徙裙。上面不同颜色的条纹则代表了其祖先在迁徙过程中经过的江河、山川、田地等。其次来看梭戛苗族纹饰如何成为"有意思的形式"从而传承文化的。他们服装上的纹饰大致可以动物纹、植物纹、工具纹、与人相关的综合纹四个大类。这些纹样中，动物纹多与祭祖、祭树、丧葬、驱鬼等仪式有关。举例来说，丧葬仪式中需要献祭给亡者的牛、给亡者指路的引魂鸡、圆坟需要献祭的羊、祖先的信使者——蛇，反映在纹样上就变成了牛眼睛纹、鸡眼睛纹、羊角纹、蛇排纹。这些动物纹能够反映其万物有灵、祖先崇拜等信仰状况及精神世界。而植物纹则主要反映的是梭戛苗族曾经或者现在生活中食用的植物或者果实，例如葵花纹、弯瓜花纹、瓜面纹、苞谷种纹、七枝花等，这些纹样其实是对他们物质生活状态的记录。工具纹及综合纹则反映了生产生活的方方面面，例如反映劳动的舂碓纹与犁引纹、跳舞的芦笙纹，反映房屋构造的房基纹等。长期以来，梭戛苗族女性所制作民族服饰及纹样制作严格遵循古制，仅仅在针线与布料及颜色上进行有限度的创新，以适应新的社会生活。这是因为上面记载着整个民族的物质与精神生活，是苗族"穿在身上的史书"。

这些艺术符号在准确性和稳定性上可能远逊于文字，然而在反映实际

---

① （汉）许慎：《说文解字》，中华书局1963年版，第174页。
② （南朝·宋）范晔：《后汉书》，中华书局1965年版，第2829页。

信息的形象性与直观性上却又大于语言文字符号。对比梭戛苗族不同性别的传承方式，我们可以看到男性以各种歌曲的传唱作为传承民族文化的方式，而女性则以制作服饰及纹样为传承民族文化的方式。一个是听觉上的，一个是视觉上的，二者相辅相成地构成了其民族文化生活的载体，民族艺术的习得也成为民族文化教育的最重要的内容。

第二节　自成系统的民族传统艺术教育

教育是随着人类文化活动的产生而产生，并随着人类社会的发展而发展起来的。可以说，凡是增进人类的知识与技能、影响人类思想观念的活动，都具有教育作用。文化并不是生来就有的，而是经过后天的教育得到的知识与经验。梭戛苗族的传统文化教育在内容上包括语言、思想、信仰、风俗、禁忌、法规、制度、工具、技术、艺术、礼仪、仪式等各方面的授予和习得。他们的社会生活具有典型的农耕文明的特色，有着鲜明的性别角色分工，所以其传统教育内容的针对性也很强。男性的主要学习任务是工具制作、歌唱、建房、耕作、仪式安排等。而女性的主要学习任务则是纺麻、织布、刺绣、画蜡、制衣、做饭、养畜等（图5-1）。

图5-1　学习生产生活技能的儿童们

就现代教育而言，其特征具有社会化、职业化、专门化；而就梭戛苗族的传统教育而言，其特征则可以概括为族群化、地方化、综合化。首先来看族群化特征，这里传承的知识仅仅适用于这个族群，如语言、历史与禁忌等知识，并不适用于任何外部其他的社会系统。如他们学习的语言是没有文字的苗语，这门语言只能与自己族群的人进行交流，或者与接近自己支系的其他苗族进行交流，而不具备与整个社会其他群体进行沟通的条件。其次我们来看其地方化特征，以自然课程为例，教育的内容更偏重识别各种本地生长的野菜、药材及粮食等知识。这些知识与当地的地理与气候环境有关，具有鲜明的地方性特征。最后则是其综合化特征，过去的教育是在长期的农业文明生产生活中形成的，以自给自足的小农经济为主，所以在知识的学习方面，要求每个人具备全面的生活常识。以服饰为例，梭戛苗族的女性需要学习纺线、织布、刺绣、制衣等各项工艺。

在过去这些迥异于现代教育的传统文化教育中，艺术教育是其中最重要和最复杂的部分，它的特征同样有着族群化、地方化、综合化的三个特点。此外，笔者还发现，梭戛苗族的艺术教育有着很强的系统化特征。梭戛苗族女童的服饰艺术教育过程充分体现了这个特点。按照年龄与学习内容，梭戛苗族女童服饰艺术的教育过程可以分为三个阶段。第一个阶段是3—10岁，以学习刺绣的基本纹样为主要内容。在服饰及纹样的工艺制作中，无疑刺绣是最简单的。主要体现在工具简单、操作容易。在考察中，我们发现梭戛苗族刺绣有挑花、辫绣与平绣三种技法，其中最为广泛运用的是挑花技法。挑花技法最基本的构成要素是十字，然后用无数十字构成不同的纹样，最后形成如斧头纹、牙齿纹、苞谷纹、牛眼睛纹等。第二个阶段是10—14岁，这个年龄阶段，开始较为复杂的工艺学习，如蜡染、织布、纺纱。首先来看蜡染工艺，蜡染的纹样尽管与刺绣完全相同，然而工艺类型不一样，需要的工具较多，操作更加复杂。蜡染的工艺对于制作者的综合素质要求颇高，例如要求反应快，手稳准狠。因为蜡液从流动到凝固的时间是非常短暂的，必须熟练运用蜡刀，做到刀落成纹，不能出错。蜡刀对于太过幼小的儿童比较危险，而滚烫的蜡液同样危及儿童的安全。再来看织布、纺纱，这两种工艺的制作都需要辅助工具，例如纺纱时候需要纺车，织布时需要对织布机的熟练运用，这两种工具对于操作者的臂以及腿的尺寸都有要求。一个10岁以下的儿童无法进行独立操作，所以这都成为第二个教育阶段的教育内容。第三个阶段则是15岁及以上，学习内容是制作服饰以及赶制嫁衣，这个阶段有些类似现代学校中的结业以及毕业实习。前面两个阶段的工艺制作，无论是做蜡染还是刺绣都只是在一块块方形或者矩形的布片上操作。因为梭戛苗族的服饰仍然处在服饰发展形态的中级阶段，具体来说，是缝制型和拼合型的过渡阶段（图5-2）。例如一件苗族女性的上衣需要15片大小不等的布片组合而成，其中包括臂片、袖片、背片、领子、上臂片、前襟、尾片等。一条裙子一般需要2—3块1丈长的矩形布、5条刺绣带及4条蜡染条缝制在一起。这个阶段的学习就是将前面制作的各种布片缝合在一起，制成成衣。完成所有学习目标后，这些青少年女性便开始准备制作自己的嫁衣了。需要说明的是这个年龄的分段是个大致的分段，根据具体孩子的发育状况与学习能力，年龄有一定的浮动。可以说，三个年龄阶段的学习内容是由浅入深的，由简入繁的。从苗族女童的艺术教育过程中我们看到，当地特色教育具有系统性，并且合理遵循了儿童和青少年的身体发展的规律。

图5-2 晾晒中的服饰蜡染片

民族传统艺术教育模式是其民族文化知识与经验得以延续的社会行为的方式。就梭戛苗族的艺术而言，教育模式主要分家族教育与集体教育两种，所谓的家族教育主要是以口传心授的方式，传承的实施者是以家族为单位，由长辈传给晚辈，先学会的教给后学会的。在梭戛苗族社会里，一般都是年龄相仿的女孩子们每天在特定的时间内集中在一家一起进行刺绣、画蜡等技术的练习，并互相交流各种经验，与现代教育的班级制度非常相像。而婚后的女性已经熟练掌握了各项技能，于是开始独立操作，以完成全家的制衣量。所谓的集体教育往往没有特定的实施者，是由于生活在同一社会中的个体的自然和社会环境具有某种同质性，这种环境对于受教者却有着潜移默化的影响，产生了教育式效果，从而把维系这个族群继续存在所必需的审美、价值观、精神信仰和行为方式传给下一代，并在儿童的内心确立某种程度上的同质性，形成对本民族文化知识学习的需求和认同。这种集体教育最显著地体现在本民族的各种仪式中。通过参与仪式，梭戛苗族儿童认识到学习本民族文化的目的，达到教育的目的。我们以当地的一个婚恋习俗为例，看一下这种教育方式的功能和作用。前文提到梭戛苗族有个传统恋爱习俗，被称为走寨，又称跳花坡。每年的农历初四到十四期间，12个寨子里的十多岁的小伙子们开始结队出游串寨，而姑娘们则是三五一群地聚集在每个寨子中的几个人家之中，这几户人家的家长都需要避出去，屋门紧闭，室内燃着炉火，备有吃的粑粑和米酒。姑娘们身穿自己精心制作的全套民族服装与配饰坐等小伙子们上门，小伙子们来到门外后，需要通过对歌胜利才能进屋，之后就可以促膝而谈，互相寻找仰慕的对象，如果小伙子们在这里没有找到中意的，还可以到同寨子里的另外一家或者继续到下一个寨子里去寻找。而8—11岁的女童们同样穿着妈妈给制作的全套刺绣或者蜡染盛装，围着火炉等待外寨以及本寨同龄的男童们前来走寨（图5-3）。当然这并不是真正的要孩子们开始恋爱，而是进行模拟训练。更小一些的男童们则聚在一起练习祖先传下来的酒令歌和情歌，并用在绳子上打个结的办法来标示学会歌曲的数目。而更小一些的女童们也聚集在一起，认真地练习着每一个传统纹样制作的挑花技巧。也就是说，以性别而区分的两种艺术形式的学习其实通过仪式这种看似无意识、无特定教育实施者的方式，得到各自部分的锻炼和强化。小伙子们必须从小认真学习情歌才可以唱开姑娘们的门，从而找到自己理想的伴侣。而姑娘们必须勤下功夫，认真学习制作服饰，尤其是可以体现女红的刺绣以及蜡染等技巧才可以让自己穿得更美丽，从而找到满意的夫婿。

走寨的青年　　　　　　　　　　练习走寨的少年儿童

图5-3　走寨的青年及练习走寨的少年儿童

第三节　教育转型中民族艺术传承面临的挑战

通过对梭戛苗族艺术教育的特征与教育模式的分析我们可以看到，传统艺术教育并不是人们想象中"简单的""落后的"，而是有着自己系统的传承民族文化的方式。我们要想对民族文化进行保护与传承，必须对传统的艺术教育给予应有的重视。正如同费孝通先生曾经讲过的"文化接触要得到一个积极性的结果，必须要在平等的基础上进行。只有平等相处，互相理解，取长补短，最后才能走向相互融合"①。

　　梭戛苗族高兴村——包括陇戛寨、小坝田、高兴寨、补空寨4个民族村寨的现代教育始于1958年。当时是只有一个教师、十几个学生、6个年级的学校。在这个时期的主要课程为语文、数学、体育、音乐；8年后又增加自然、政治两门课（图5-4）。由于当地有严重的重男轻女的思想，梭戛苗族高兴村女童的现代教育则是从1996年牛棚小学才全面开始的（图5-5）。2004年陇戛逸夫小学成立后（图5-6），这时期的现代教育就更加完善，除了一般小学设立的课程外，使用双语教学，并增加语言、写字两门课，以此解决苗族儿童学习汉语的困难。现代教育开始的阶段发展非常缓慢，然而在近10年中，得到了迅速的发展，梭戛苗族的教育已经由过去的民族传统教育为主过渡到以现代教育为主。接受现代教育的苗族孩子已经具备了与外界沟通的能力。那么随着从农业社会基础下的传统教育到工业社会背景诞生的现代教育的转型，梭戛苗族社会价值观以及婚姻观念产生了怎样的变化，又给传统民族艺术教育及民族文化的传承带来哪些挑战呢？

图5-4　高兴村最早的老师与学生

---

① 费孝通:《费孝通论文化与文化自觉》，群言出版社2007年版，第238页。

图5-5　牛棚小学师生合影

图5-6　陇戛逸夫小学

一、社会价值观的改变对民族艺术传承造成的冲击

我们以梭戛苗族女性的价值评判系统为例进行分析。在小农社会中，

人们过的是男耕女织的生活。布匹这种生活资料不仅可以解决全家穿衣的问题，还可以通过物物交换从而获得其他的生活资料。梭戛苗族就常用布匹去集市上换盐、牲口、铜项圈等一切自己不能生产的必需品。织布与制衣等工艺技术作为副业，可以辅助家庭获得除了农业之外的生活资料。女性作为家庭中重要的家庭成员，手巧是衡量女性社会价值的重要标准。所以纺线、织布、刺绣、蜡染、制衣是梭戛苗族女性必备的一种技能，这种技能的高低可以直接决定一个女孩子在族群婚姻中的受欢迎程度。在梭戛苗族中，尽管有着自由恋爱的走寨习俗，然而由家长包办的婚姻仍然存在较大比例。在访谈中我们得知，男方父母对未来儿媳挑选的主要标准是其是否手巧及能否持家。刺绣与蜡染纹样的精密程度正是手巧的体现，手巧能解决全家穿的问题，且代表着聪明和智慧，这是传统梭戛苗族评判女性在其族群中采用的价值系统。在这种社会价值观念下，苗族女性对于其实现人生价值的评价即性别角色中需要传承的民族服饰艺术有着自发的热忱与动力。然而，经过了现代教育的梭戛苗族人不再受到其民族地方性传统文化教育的语言、文字、数学等基础知识的限制，而是带着对美好生活的向往、对货币的需要，纷纷走出大山，加入了务工大军，仅仅在逢年过节的时候返乡。梭戛苗族的生产生活方式也开始由农业文明向工业文明过渡，而在工业社会中，职业的选择多种多样，贫富的差距也较大，这时候手巧不再作为女性的社会价值的标志。工业社会中学历、样貌、品德、工作种类、经济收入等综合因素成为衡量女性社会价值的标准。此时的梭戛苗族的传统社会价值观受到了空前的冲击，而以这些传统价值观为内在传承动力的民族文化艺术也面临着失传的危险。

二、通婚观念的改变对民族艺术传承的影响

教育的转型使得梭戛苗族的通婚观念产生了变化，而通婚的观念又对民族艺术传承产生了影响。这里我们仍然以梭戛苗族服饰为例。由于梭戛

苗族有浓厚的重男轻女的思想意识，造成了梭戛女童受现代教育比男童落后的事实。这也使得在一定时期内，梭戛苗族女性仍处在本民族传统教育系统中，作为本民族传统教育的重要内容之一的服饰艺术制作得到很好的传承。同时，由于在本民族传统教育中，女性学习的是本民族语言，所以交流仅仅局限于本民族的范围内，语言的障碍成为一种壁障，阻碍了其民族艺术传承受到外界强势文化的冲击。教育的转型带来语言的革命，从而又造成了当地通婚观念的转变。梭戛苗族的通婚多年以来都是族内通婚，鲜有与外族通婚的状况。当问及原因的时候，他们回答：语言不通。然而，在1996年之后，更多的女童们开始得到了普通话与语言的学习，语言不再成为她们与外族通婚的障碍，通了语言则有了选择。我在另外一篇论文中提到过通婚与民族服饰艺术传承之间的关系，即与汉族或者其他民族结婚的梭戛苗族女性在婚后完全放弃了民族服饰的制作与穿着，自然也不再会向下一辈传承。而与本民族以及近亲支系通婚可以保留服饰制作与穿着习惯①。如果说在当时，异族通婚非常罕见是因为语言不通，而这10年来，越来越多的达到婚育年龄的女性通过现代教育中普通话的学习，已经有了更多与异族通婚的可能性，而这种可能性的增加，似乎削弱了民族艺术传承的必要性。

总之，在全球一体化和中国迅速向工业化国家迈进的特殊时代背景下，梭戛苗人的经济文化背景发生了翻天覆地的变化。就在这十多年间，梭戛苗族已经由较为单纯的农业社会阶段过渡到了工业社会阶段，现代教育也获得极大发展，教育观念也随之发生了相应的改变，梭戛苗族传统教育的主导地位已经逐渐被现代教育所取代。越来越多的梭戛苗族青年与汉族的青年一样，离开家乡，涌入城市务工，仅仅在过年过节的时候返回家乡。这种情况下，作为传统文化教育最重要的载体——各项民族艺术必将

① 安丽哲：《艺术田野中"人"的凸显》，载《艺术人类学的理论与田野（上）》，上海音乐学院出版社2008年版，第155页。

陷入后继无人的困境，以此为依托的民族文化也会有消亡的风险。不过，传统教育与现代教育这两种看似二元对立的教育方式在非物质文化遗产保护的浪潮中逐渐找到结合的方式。各种工艺的制作技艺、歌曲、舞蹈等各种传统艺术的教育内容被加入当地的现代学校教育，当地的艺人和长者也被请入课堂进行亲自传授，这种多元化的教育方式是现代教育对保护民族文化所做的有益尝试。民族民间文化艺术传承的主要实施场所已由过去的家庭和文化空间转移到了学校，这种文化教育方式的嫁接能否取得理想的效果，也还需我们进行下一步的研究。美国著名人类学家萨林斯在《甜蜜的悲哀》一书中提出过比较乐观的观点："非西方民族为了创造自己的现代性文化而展开的斗争，摧毁了在西方人当中业已被广泛接受的传统与变迁的对立、习俗与理性对立的观念，尤其明显的是，摧毁了20世纪著名的传统与发展的对立观念。"[1] 现代教育与传统教育并不是二元对立的，传统的民族艺术教育仍然能够在新的时代背景下发挥它积极的作用，为本民族的文化传承起到积极的作用，使得民族文化遗产得到合理的"转化和重组，成为现代社会文化和经济发展中的人文资源"[2]。

---

[1]　［美］马歇尔·萨林斯：《甜蜜的悲哀》，王铭铭、胡宗泽译，生活·读书·新知三联书店2000年版，第125页。

[2]　方李莉：《"文化自觉"视野中的"非遗"保护》，北京时代华文书局2015年版，第101页。

第六章

苗族传统婚姻观与服饰传承

第一节　梭戛苗族服饰与择偶的价值判断观

艺术人类学研究倡导的是"从单纯研究艺术品以及艺术活动出来，因为艺术品以及艺术活动是在整个社会生活中的，我们不能从社会生活中将其剥离出来研究"的理念，许多研究者开始运用参与观察的方法，将一个具体的艺术品或者艺术活动其所存在以及发生的社会环境、生态环境下进行研究，探讨艺术品（艺术活动）所包含的社会文化的意义以及在社会中的重要意义。例如苗族的刺绣艺术品，研究者们除了去考察其现阶段的分类，造型特征以及工艺外，也考察刺绣图案的深层意义。可以说这种研究方法直到今天对我们仍然非常有意义。然而在不断的实践中，我们逐渐发现我们忽略了一个非常重要的研究视野，那就是人。[1] 这里的人可以理解为群体也可以理解为个人。也就是说艺术人类学研究现在非常需要一个人本位的方向。我们需要锁定进行艺术品以及艺术活动这些艺术客体的另一

---

① 　方李莉：《艺术人类学的当代价值》，《民族艺术》2005 年第 1 期。

个方面，即艺术主体。因为我们的研究不绕开艺术品的制作主体，艺术品（艺术活动）并不与主体所生活的时代，人文环境，生态环境等直接发生关系，周围的一切必须通过对主体的作用来对艺术品的产生以及传承发生影响。

"所有的社会都有对劳动的某些分工——按习惯给不同种类的人分配不同类型的劳动。……所有社会的传统劳动分工方法都在某种程度上利用了性别的差异。……几乎在所有的社会中，某些劳动总是分配给男人，而另一些则是分配给妇女的……同坚硬物体（像石头、木材和金属）打交道的全是男子。……家务劳动一般都是妇女的工作，妇女们不仅是儿童的主要照管者，她们还要做饭、清扫房舍、洗衣服以及找柴和取水。"[①] 在梭戛苗族的生活里面也是如此（图6-1）。用村民的话来讲"有的重活女的干不了，修房子背煤什么的。以劳力为主的都是男的来做，如果女的干活太厉害，很多人会笑话的，女的最主要就是做衣服、绣花、做饭、带孩子什么的，而且对外打交道都是男的的事情"。

图6-1　照顾儿童和从事家务的梭戛苗族妇女

---

① ［美］C.恩伯、M.恩伯：《文化的变异——现代文化人类学通论》，杜杉杉译，刘钦审校，辽宁人民出版社1988年版，第196—197页。

在梭戛苗族的生活中，女主内男主外是其典型的生活模式。由于梭戛苗族长期生活在比较闭塞的深山里面，许多东西需要自给自足，每个家庭都是一个独立的可以生产消费的个体。在艰苦的生存条件下，男人与女人分工非常明显，需要各司其职，能够自己生产制作出全家人的衣服是梭戛苗族妇女的基本技能。这与我们现在的都市社会不一样，在都市社会中，服装由专门的裁缝制作或者是由专门的工厂生产，妇女们不再将做女红作为自己生活职能的一部分。

梭戛苗族择偶的前提就是姑娘必须会绣花做衣服，其次才是容貌、家境、人品等。由于在传统的社会分工上面，服饰的生产与制作都是妇女的专门职责，她们需要自己种麻、纺麻、绩麻、织布（图6-2），制作成衣服给全家老小穿戴，但是如果男子娶来的媳妇不会制作衣服，那么意味着自己没有衣服穿，自己的小孩也没有衣服穿。所以会制作服饰是梭戛苗族妇女能够婚配的前提。如果女孩长大了不会画蜡、不会绣花就会被寨子里的人们称呼为"惷包"。"惷包"这个词这是对脑子迟钝的人的蔑称，因为绣花与蜡染是梭戛苗族女子必须从小学习的一门技艺（图6-3），如果绝大多数都会了只有个别学不会，那么这学不会的很可能是有智力问题的，而且即使没有智力问题，妻子不会制作服饰，那一家老小的穿戴也没着落，所以不会刺绣蜡染制衣的女孩在本地族群中是难以嫁出的，只能嫁给其他民族中身体有缺陷的人。"在苗族传统社会中，妇女的服饰与择偶和婚配密切相关，妇女的服饰（特别是盛装）在某些特定的场合成为表明自身价值的一种尺度，有些时候，服饰制作甚至成为决定婚姻的重要因素。"[①] 可以这样讲，刺绣蜡染工艺的好坏是梭戛苗族妇女社会价值实现的最大体现。在这一点上，几乎所有苗族分支的传统观念都是一致的，例如在《苗族史诗》里面有一段讲九个姐妹中的一个的"七姐叫阿丢，歌儿不会唱，花儿不会绣，怕没人来娶，妈妈好发愁。将她送给汉人家，起初拿她

---

① 索晓霞：《苗族传统社会中妇女服饰的社会文化功能》，《贵州社会科学》1997年第2期。

当丫头，后来娶她做媳妇"①。正因为如此强大的社会价值评判体系使现在一些读书的小姑娘们还是将刺绣或者画蜡当作一项重要任务。

图6-2　正在制作麻线的梭戛苗族妇女　　图6-3　正在刺绣的梭戛苗族姑娘

第二节　族内婚姻与族外婚姻对服饰传承的影响

　　梭戛苗族生活在一个多民族地区，在这个地方的通婚习惯是各个民族内部通婚，例如彝族的找彝族的，布依族的找布依族的，不过梭戛苗族的情况有点特殊，因为苗族有很多支系，梭戛苗族只是其中之一，他们并不像外界宣传的那样本支系内部通婚，就语言上来讲，首先同语言相同的其他苗族支系通婚。由于目前梭戛苗族的构成主体是由弯角苗与歪梳苗转化

────────────

① 马学良、今旦译注：《苗族史诗》，中国民间文艺出版社1983年版，第222—223页。

而来的，所以他们长期以来都有与纳雍县弯角苗以及水城县歪梳苗通婚的习惯，这都属于族内婚姻。附近的大花苗由于语言不通所以也不通婚。不过梭戛苗族女子历来就有嫁入汉族的历史，这种婚姻属于族外婚姻。

一、族内通婚下民族服饰传承状况

首先来看族内通婚下是否对其传统服饰产生影响，族内通婚指的是梭戛苗族与弯角苗，梭戛苗族与歪梳苗等当地苗族分支内部的婚姻状况。由于风俗习惯类似，语言相通，这几个支系之间经常会有通婚。我们在纳雍县张家湾老翁村调查到有几个梭戛苗族妇女嫁入弯角苗这里，一直到老并没有改变其服饰。在陇戛寨有位杨姓妇女是弯角苗，她也没有因为搬来梭戛苗族的地方而变装为当地装扮，而是仍然保持弯角苗的打扮。不过在这片土地上，这个环境下，她的后代就变成了梭戛苗族的装扮。

我们在陇戛寨遇到一个姑娘杨某[1]，她是与老卜底（地名）的歪梳苗小伙子订的婚，我们谈到这个服饰的问题。

> 笔者："你喜欢绣花衣服吗？"
>
> 杨某："我很喜欢呀，这个服装比汉族服装要好看的。"
>
> 笔者："你未婚夫那边的穿戴跟这边一样吗？"
>
> 杨某："不一样，头上戴的角不一样，身上穿的花不一样。"
>
> 笔者："那你会绣那边的花吗？过节的时候穿什么呢？"
>
> 杨某："我不会绣那个地方的花，我们苗族人只要会绣花就可以了，我就绣我们这边的花就行，过节的时候我就穿我们梭戛苗族的衣服。在弯角苗的一个居住地——张唯，就有一位嫁过去的梭戛苗族老太太，她从年轻到老一直保持梭戛苗族的装扮。"

---

[1] 杨某：陇戛寨人，1990年出生，教育程度为小学，采访时间为2006年2月25日。

由于苗族内部都有对刺绣蜡染相同的社会价值评判体系，即不会刺绣蜡染的媳妇或者做得不好的都会被整个族群嘲笑，所以，苗族这几个支系之间通婚并不会带来刺绣蜡染技术的消失，不过民族服饰也会根据通婚对方服饰的发展阶段而穿戴。例如说上文提到过的梭戛苗族姑娘杨某的那个歪梳苗未婚夫所生活的地方的民族服饰已经转化为节日服饰，日常再不穿着，那么这个杨某嫁过去之后的服饰也会入乡随俗，只在节日时候穿着。

二、族外婚姻观的变化以及民族服饰传承状况

前文提到过苗族一般只跟本民族通婚，但是偶尔也跟汉族人通婚。民族之间不通婚除了语言不通、习惯不通的问题以外还有相互陌生的情绪。不过自从1996年女娃开始读书后，婚姻观也产生了重大变化，1996年读书的女童有40个。现在，有七八个还在读六年级，有三四个在读初中，还有一个师范毕业了，一个在读，这个从师范毕业出来的杨某嫁了汉族人。这次的婚姻是陇戛寨梭戛苗族婚姻观转变的一个标志，族外婚姻开始有了改观，从这之后，就像村民说的那样："以前是只有不会绣花的憨包才嫁给汉族人，现在不一样咯，还有读过书的，有出息了的姑娘会去嫁那种有稳定收入和工作的汉族人。除了这两类我们族一般情况下还是不会跟汉族人轻易通婚的。"我们去调查了寨子里面的未婚姑娘们对于与汉族人通婚的看法，相当数量的姑娘表示希望嫁给汉族人，其中一位姑娘 ① 的回答比较典型：

笔者："你们想不想嫁给汉族人呢？"
王某："想啊，就是没有人要呢。"

---

① 王某：1991年出生，就读于陇戛小学6年级，采访时间为2006年3月20日。

笔者："如果看上了你们嫁吗？为什么想嫁给汉族人呢？"

王某："嗯，嫁的，汉族人家境好一些。"

笔者："嫁了汉族人可能不需要穿你们的衣服了。"

王某："不穿了，也不用做了。如果在我们这里现在过节不穿就会有人说这个小笨蛋，肯定不会绣花，没有出息。"

笔者："那嫁了汉族人是不是就随便了，不用绣花也没人笑话了？"

王某："嗯，是的，可能就没人说了吧。"

可以这样讲，以前嫁给汉族人的姑娘都是苗族女性中不成器的代表，现在的嫁给汉族人反而成为一种时尚，然而苗族姑娘嫁给汉族人有一个后果就是刺绣蜡染不再继续作为生活中的重要部分，在到处都可以买到衣服的汉族社区里，这项技术变得可有可无或者没有使用场景的摆设。然而是什么导致了梭戛苗族对汉族通婚观念的改变呢？可能只有在我们了解了梭戛苗族妇女的生活后，才能更好地理解他们的选择。由于梭戛苗族生活的地区主要还是以农业生产为主要生产方式，所以农业劳动占据了梭戛苗人的绝大部分时间，尽管男女有分工，但是一般情况下，地里的农活是男女都要做的事情。我们来看一下陇戛寨梭戛苗族女性一年之内的时间安排表（表6-1）。

表6-1　梭戛苗族妇女年度时间安排表

时间	劳作
农历一月底至二月初	栽洋芋用掉六七天，然后就开始背粪栽苞谷。背粪花费的时间比较长，如果一个人背的话要半个月，因为地远的一天只能背7箩或者8箩
农历二月底至三月初	把粪都背到地里然后开始种苞谷 女人在这个月份把洋芋种完后就去梭戛乡帮汉族人种苞谷
农历四月至五月	给苞谷锄第一道草，在当地叫作镐苞谷
农历六月至七月	挖洋芋的时间用得比较多，需要挖一个月

时间	劳作
农历八月至九月	在霜降前后，九月底之前要把地犁好之后栽小麦
农历十月至十二月	十月之后才开始闲点儿，女人才可以在这两个月里安心做点衣服，但男人要去犁地，地犁好了在春节之后又就可以栽洋芋了，这是又一年

从表格中看到，梭戛苗族的生活是非常辛苦的，一年四季都不得休息，然而在近年以来，由于寨子里面男人出去打工的增多，家里妇女身上的任务就更是沉重了很多，要从清晨一直忙碌到晚上，要背水、喂猪、喂牛、做饭、种地、给牛割草、割猪菜，还要画蜡做衣服，非常辛苦。我们就2006年4月2日一个15岁辍学女孩的一天的生活来看：早晨五六点就起来，背水做早饭、背粪、做午饭、继续背粪、割牛草、喂牛，这个时候已经晚上了，开始做饭，饭后在灯下支起小桌子开始画蜡做衣服，在10点钟左右上床睡觉。这就是一个普通妇女的非常普通的生活，这样的生活一直持续到她们去世。80岁的熊姓老人给我讲述她一天的生活。"我老了，做不得活路了（不能干重活），就只能做饭，有时候扛起镐刀去挖菜，喂猪喂牛，在家里麻烦得很，啰唆得很，很多乱七八糟的事情，有时候你还没做好饭，人家都干活回来要吃饭了，结果人家都在吃饭，我还在忙。"

沉重的劳动使得读书的少女们向往从电视里看到的城市中的生活，向往从旅游者的口中描述的汉族女性可以不用背水、背粪、打猪草、天天画蜡的生活。为了这种美好的生活，她们尽力想改变现状，嫁给汉族人成为一种理想。我们知道民族服饰的存在是有一定的社会文化机制在那里运行，在艰苦的环境下，不会制衣的苗族女孩势必遭到大家的唾弃，做不好的刺绣蜡染也会被大家笑话，更没有人会娶。在这种社会环境下，姑娘们勤恳地用一切可以挤出来的时间来制作衣服证明自己的价值，这也就是现在读书的姑娘们放学后的首要任务是画蜡，作业是放在其次地位的原因了。当苗族女孩嫁入汉族之后，汉族社区并不存在这种氛围，衣服可以直接购买而不是自己一针一线地制作，在这种社会情况下，嫁进来的不做女红的苗族媳妇也不会受到大家的谴责。

梭戛苗族女子婚姻观发生变化对其服饰以及服饰的制作传承有直接的影响。在这里我们可以看到已经明显的关系，即，在目前的状况下，如果在本民族内通婚，姑娘必须学会女红，这是族内婚姻的前提，如果与跟自己接近的苗族支系结婚，姑娘也必须会女红，这也是族内支系内婚姻的前提；如果与并不崇尚刺绣的汉族人结婚，就不需要这个前提，而且即使会女红的姑娘嫁入汉族后，因为没有用武之地，也逐渐会使得这种技艺的丧失。当然我们明白这个关系并不是说为了更好地保护梭戛苗族的服饰就阻止他们进行族外通婚，因为他们才是服饰的主体，他们对传统服饰的看法决定着传统服饰的消失与否。如果梭戛苗族认识不到自己民族服饰的价值，等到传统服饰依存的传统社会价值评判标准瓦解的时候，即使族内通婚都不能挽救民族服饰的消亡。

第七章

市场经济渗透下的民族服饰发展趋向之思考

以农业社会为基础的小农经济在我国有着数千年的历史，在改革开放初期，大量偏远的地区仍然存在着以家庭为单位的男耕女织、自给自足的生产生活方式，并保留了以此生活方式为土壤的各种传统文化事项。进入21世纪后，我国工业化进程明显加快，在新的时代背景下，原有的生活方式被打破，市场经济意识也渗透到传统农业社会的方方面面。这种情况会对民族服饰文化发展产生哪些影响是我们研究民族服饰文化遗产保护的一个重要的关注点。梭戛苗族就是处于这种变革的一个典型代表，他们居住在贵州六枝、纳雍、织金三地交界的高山之巅，长期处在自给自足的生产生活之中，男人耕田，女人织布，并用多余的生活资料去进行必要的物物交换。然而，随着梭戛生态博物馆的建立，经济的发展，他们对自己的民族服饰的价值产生了新的认识。

第一节　市场经济意识的萌芽与发展

在对梭戛苗族族源的考察与研究中，我们得知，尽管他们的民族服饰具有独特的苗族服饰特征，但他们的构成主体却是来自汉族的歪角苗。[①]近百年来主要的经济形式是自给自足的小农经济。这种生活方式的吃和穿主要由自己生产而成，生产不了的其他日常必备品仍然使用各取所需的物物交换。可以用于交换的是平时使用自己种植的农作物或者养殖的家畜，在手工制品方面则主要使用女性纺织的布匹到市场上进行交易。

自从20世纪90年代末梭戛生态博物馆建立之后，这个建立在偏远地区，并处于高山之中的由挪威与中国政府进行的国际合作项目，使得梭戛苗族人受到了世人的瞩目，大批的游客与专家开始涌入梭戛，尤其是在每年冬季，他们的传统节日——跳花节期间。自此以后，梭戛苗族的生活发生了翻天覆地的变化。他们的收入有了新的来源，例如梭戛生态博物馆组织的针对游客和来访者的演出获得的收入和游客拍照获得的收入等。在这些收入中，最重要的一项是来自其民族传统服饰的交易。梭戛苗人巨大的假发髻以及绘满几何纹样的刺绣或蜡染服装是吸引众人目光的重要因素，所以诸多来访者对这种服饰表现出浓厚的兴趣，希望购买带有其民族文化特点的刺绣或者蜡染制品以留念，甚至有一些刺绣商人赶过来收购大家的服装。在自给自足小农经济下，梭戛苗族妇女并不知道自己的刺绣片或者蜡染片存在着可以交换成货币的价值，因为在过去，当地并没有其他民族的人对梭戛苗族的服饰产生购买的兴趣，他们只能用自己纺织的布匹而不是民族服饰去换置其他生活用品。

随着携带货币的游客流的涌入，梭戛苗族迅速地被卷入社会系统化的

---

① 安丽哲：《符号·性别·遗产——苗族服饰的艺术人类学研究》，知识产权出版社2010年版，第26—27页。

市场经济体系之中，他们的经济状况得到了很大的改善，有了更多自己可以支配的货币，可以到附近市场上购买更多的商品，物物交易逐渐退出了历史舞台。通过将民族服饰的手工制品售出获取货币的梭戛苗族女性对于市场经济逐渐有了朦胧的认识。她们意识到尽量能够满足来访者的需要就可以获得更多货币。如专家、学者以及古董贩子希望购买较老的服饰，而游客则希望购买的是较新的带有民族风情的刺绣或者蜡染的小物件。但是由于地处偏远，在当时很长一段时期内，梭戛外地游客涌入的时期是有潮汐性质的，并不是常态的，只有在夏季的暑期期间以及冬季传统民族节日跳花坡前后游客相对较多，其余时间的游客非常稀少，偶尔到来也只是进行浮光掠影的游览，几个小时便会离去。在这种情况下，一个自发形成的机动性民族工艺纪念品市场出现了。由于梭戛苗族村寨的房子依山而建，有的妇女从家中劳作时便可看到生态博物馆修建的停车场，一有车来，她们会奔走相告，带上自己制作的民族服饰制品奔向广场，形成一个流动性的以服饰工艺品为主的民族用品市场，游客离去，她们也会返回家中继续自己的事情。

第二节　民族服饰相关产业的职业化

就梭戛苗族居住地自然环境的旅游条件来看，并不具有优秀的自然景观价值。他们居住在海拔1400—2200米的高山之中，这里冬季阴冷潮湿，泥土流失严重，很多山呈现光秃秃的样子或者仅仅生长一些灌木，现在看到的一些林木是20世纪90年代种植的。当地的水源匮乏，梭戛生态博物馆所在地陇戛寨也只有一眼泉水，在秋冬季都是枯水期（图7-1）。可以说梭戛苗寨吸引大批游客的并不是因为其自然资源，而是其独特的民族文化生态。那么民族文化的各种表现形式则成为旅游产业主要发展的部分。当地文化旅游业的发展也催生了两种与传统服饰相关的新职业的出现。

图7-1　陇戛寨幸福泉

　　第一种职业是绣娘。法国生态博物馆专家雨果·戴瓦兰曾说过："当国外旅游者来到村寨，并发现这些宝物时，外国收藏家或者文物贩子会拿出一定数量的钱来购买这些居民的物品，这将使得村寨村民很难抵挡这些诱惑。"① 持续的旅游业的发展使得需要越来越多，当地的苗族女性卖光了自己柜子里的存货后，开始制作可以出售的刺绣片或者蜡染片。这样，一个专门制作和销售民族服饰制品的群体出现了。不过其中主要是年龄较大的苗族女性，她们的身体已经不能再继续从事其他重体力的劳动，于是将制作与出售刺绣与蜡染制品作为自己的职业。这时成为商品的民族服饰配件与过去比较功能产生了转变，以前的绣品是体现女性社会价值最重要的衡量标准。在他们以前的小农经济中，女性是否解决家庭成员穿的问题就取决于女性的手艺。所以在这样一个体系中，女性进行的刺绣与蜡染制品的制作都是为了实现自己的社会价值进行的努力，现在的社会发生了变化，

---

① 中国博物馆学会编：《2005年贵州生态博物馆国际论坛论文集》，紫禁城出版社2006年版，第245页。

女红不再是直接评价女性社会价值最重要的标准了，女红逐渐成为一种谋生的手段。苗族女性为自己和家人制作服饰变成了可以通过制作服饰以换取维持家庭生活的货币，二者的目的不同了，所以制作的方式方法和心情都不同了。在市场经济环境下，不计时间成本的刺绣与蜡染制作让位于较短时效制作出来的民族服饰商品，以获取货币为重要目的。在调查中我们也可以看到刺绣所使用的原料，即使用的布，从棉麻布，变成大网眼的尼龙布，使用的线由较细的彩色棉线变成了较粗的彩色毛线（图7-2）。由服饰配件做成的旅游纪念品性质的商品是要满足消费者的需求的。例如，来访者看不懂几何图形的抽象的服饰纹样，就希望看到可以看得懂的形象的纹样，于是在这些民族手工制品上出现了与原来风格与内容完全不同的人物与鸟兽。我们在2005年的一次对当地民族服饰市场的调查中发现，在一个儿童的背袋上出现了一个人形纹样，这是以前没有的。梭戛苗族的传统纹饰造型的基本方式主要是简化、添加和组合。其中，简化纹样经常以局部代替整体，比方说服饰上的鸡眼睛纹代替鸡，羊角代替羊。[1]他们的传统民族服饰纹样主要由抽象的几何纹样组成，并没有象形化的纹样，然而随着市场的需要，这一切发生了变化。

图7-2　尼龙布绣片

---

① 　安丽哲：《苗族服饰纹样造型之解析——长角苗服饰艺术个案考察》，《南京艺术学院学报（美术与设计版）》2012年第4期。

第二种职业是表演者。梭戛生态博物馆成立之初为了保护和力图呈现其独特的民族活态文化，设立了背水、纺线、织布等生活状态的展示，同时成立了表演队，主要表演内容是口弦、芦笙、三眼箫等乐器的吹奏，情歌的对唱以及芦笙舞的表演。初到梭戛生态博物馆的游客们经常能看到一队队走在蜿蜒的山路上背水的苗族女子，村寨里家门口摇着纺车的苗族女子，生态博物馆的空地上跳着芦笙舞，吹着三眼箫的年轻男女等（图7-3）。在这些展示中，梭戛苗族的青年男女穿着全套的民族服饰盛装。女性头扎巨大的羊角发髻，颈戴包铜项圈，身穿布满刺绣纹样的服装，腰系羊毛黑毡围，腿围白色绑腿，脚踏绣花布鞋；男性黑巾包头，颈戴刺绣包铜项圈，身着长衫，外套对襟大衫，下穿白色裙裤，腰围长带刺绣围腰，白色绑腿。其实男女性的这两种装扮在日常生活中仅仅可以在婚恋期的节日或者结婚之日穿戴，也就是说民族节日服饰变成了表演服饰（图7-4）。随着当地旅游业的发展，表演自己的文化成为一种职业，民族服饰则是这种表演的一个部分，成为本民族的一个重要符号。表演本身包含一种消费文化的商业行为，本身就具有了更能够对游客产生吸引力的需

图7-3　20世纪90年代表演队服装

图7-4　2006年表演队服装

求，这种需求使得民族服饰更加脱离原有的实用性属性而朝着审美性还有独特性的方向发展。举个例子来说，梭戛苗族女性的头饰朝着越来越大的方向发展，传统假发髻是由家族女性流传下来的真发，小而沉，并不影响日常的劳作；而现在的头饰越来越大，仅仅是因为他们的审美需要，已不再适合在生产中佩戴。穿着民族服饰进行表演因此成为一项重要活动。

第三节　市场经济冲击下传统民族服饰的去实用化

就梭戛苗族来说，随着小农生产生活方式向工业化的生产生活方式的转换，传统民族服饰诸多的实用功能都逐渐失去了原来的作用与意义。

首先就是遮体避寒，在小农经济时代，穿衣只能由自己种麻、纺线、织布，然后一针针地进行制作。然而在市场经济下，有了货币，可供选择和购买的服饰变多了，他们可以选择穿着非民族服装达到这个目的；同时，由于生产生活发生了变化，从原有的农业社会逐渐过渡到工业社会，很多梭戛苗族走出大山，去城市里当工人，仅在过年过节的时候回来，适用于原有生产生活的服饰配件已经不再能够发挥过去的作用了。例如女性的羊毛毡围在以前的日常生活中有着非常重要的作用，除了御寒之外，还可以变成一个绣花台，便于女性随时刺绣。然而随着绣花群体的职业化，羊毛毡围的这个作用逐渐消失了。

其次是民族服饰标示性作用的弱化，梭戛苗族服饰的标示性主要用于族外识别和族内识别。在曾经的历史时期，在一些多民族聚集的地区，经常会由于争抢水源与地盘等原因，发生一些争斗，民族服饰的标示性可以让本民族的人迅速识别，防止误伤自己人，这是族外民族识别的用途。然而在现代市场经济条件下，人们的流动性增强，缺乏的生活资料也可以通过货币来购买，民族之间已经由生活资料严重匮乏期的争斗到繁荣的市场经济下的融合，于是这种标示性逐渐失去了存在的意义。苗族服饰的族内识别主要用于婚配，服饰的形制以及纹样越接近说明其支系越接近，若语言相通，可以进行通婚，随着现代教育的发展，语言不再成为限制婚配的主要原因，服饰在婚配方面的作用也相对弱化了。

最后是部分服饰配件在当地被认为具有祛病、护体的巫术功能。在较为落后的经济状态下，梭戛苗族人并没有现代科学的医疗条件，对于生老病死，他们采用巫术性质的服装配饰来寄托对生的渴望。比如梭戛苗族的藤条颈饰以及铜牌颈饰都有这样的作用[1]，就如普列汉诺夫提出的"那些为原是民族用来做装饰品的东西，最初是被认为有用的东西，或者是一种表明这种装饰品所有者拥有一些对部落有益的品质的标记，而只是到了后来戴开始显得美丽的，使用价值是先于审美价值的"[2]。然而随着经济的发展，

---

[1] 安丽哲：《符号·性别·遗产——苗族服饰的艺术人类学研究》，知识产权出版社2010年版，第42—43页。

[2] ［俄］普列汉诺夫：《论艺术（没有地址的信）》，曹葆华译，生活·读书·新知三联书店1964年版，第125页。

现代卫生所在当地的建立，当地人生病求助于巫术的情况越来越少了，项圈逐渐失去了巫术的意义，转化为纯审美性。

民族服饰的很多传统功用都随着社会变革消失了，不过在这个将文化进行消费的时代，民族服饰的审美性和符号性反而得到了加强。它作为一种昔日的精神家园给予人们的寄托，让本民族的人记住自己的过去，让其他民族的人可以欣赏。就像方李莉研究员提到的："从功能性上讲，它不再能从制度上、物质上去满足现代生活的需要，但它能从另外一个层面，即人们的心理需求和审美需求去满足人们的需要。"[①]

民族是一个历史范畴，有其产生、形成、发展、变化和消亡的规律，民族服饰同样如此。民族服饰从产生到消亡一共有四个阶段[②]，即日常服饰阶段、节日服饰阶段、丧葬服饰阶段、民族服饰消亡阶段。随着全球一体化进程的加快，再偏僻的地方也不再存在一个封闭的完全自我发展的地区，几乎所有的民族被席卷进入一个经济迅速发展、文化迅速碰撞的时期，在这种剧烈的社会变革下，日常服饰可能会越过节日服饰阶段，直接过渡到丧葬服饰，这也是文化遗产保护者不愿见到的情况。梭戛苗族民族服饰进行的转变，是我国诸多民族地区的一个缩影，生产生活的剧烈变革曾经使得梭戛苗族的民族服饰曾经面临消失的风险，不过经济的发展也使得他们更加清楚地认识自己的文化，不再自卑，经济的发展成为民族自觉的一个基础，就像美国著名人类学家萨林斯说的："并非金钱经济与传统生活方式之间具有的不可调和的矛盾。当不能找到足够的金钱来支撑他们的传统生活时，大问题才会出现……更进一步说，在村落当中，一个人或一个家庭，其在金钱经济中越是成功，便越会加入本土的秩序中去。"[③] 梭

---

① 方李莉：《"文化自觉"视野中的"非遗"保护》，北京时代华文书局2015年版，第98页。

② 安丽哲：《民族服饰文化遗产应如何保护？——苗族服饰调查带来的思考》，《南京艺术学院学报（美术与设计版）》2011年第1期。

③ ［美］马歇尔·萨林斯：《甜蜜的悲哀》，王铭铭、胡宗泽译，生活·读书·新知三联书店2000年版，第125页。

夏民族服饰发展阶段已由日常服饰阶段过渡到节日服饰阶段，在这一阶段中，民族服饰原有的实用性特征由于生产生活方式的转换逐渐消失，而其审美艺术性与符号性逐渐成为民族服饰的主要特征。

第八章

民族服饰文化遗产的发展模式与保护方法

第一节　民族服饰演变的主要模式

在对贵州西北部梭戛乡梭戛苗族服饰的个案调查中，我们发现其民族服饰演变主要有两种模式：一种以女服为代表，在文化交流过程中呈能动性演变；另一种以男服为代表，在外来强势文化冲击下进行被动变迁。这两种服饰变迁的模式不仅仅发生在梭戛苗族的生活中，这可能也是当今世界范围内民族服饰在全球化进程中进行演变的最主要的两种模式。

第一种民族服饰的演变的主动权在这支民族自己手中，他们跟随时代不断变化的审美观使得他们有选择地挑选布料、纹样和款式，将原有的服饰进行改进。维吾尔族服饰、回族服饰，以及藏族服饰目前基本都是以这种方式进行演变，布料有所更新，纹样将外来纹样融合到传统纹样当中，不过在形制上并没有太大变化，穿着仍较为普遍。不过，与刚才提到的三种民族服饰演变所不同的是，梭戛苗族女性的能动性选择主要建立在其仍然生活在封闭的且较为稳定的传统生活方式下。在外来强势文化下，语言障碍削弱了强势文化对其的冲击，她们在观察外来文化的过程中，有选择地进行接受。在头饰上，以前以真发、马鬃或麻线为主的假发已经换成了黑色的毛线，这种毛线做成的头饰使得头部负担减轻，于是头饰整体越来越大；同时，由于生活质量的改善，在温饱的基础上，苗族妇女有更多的时间用在刺绣上，于是越来越复杂的、耗时的全刺绣服饰替代了以前的部分刺绣服饰。

纵观苗族服饰近代变迁史，主动性选择变迁的服饰也分为两类方式，一类是由该民族知识精英倡导的盛装与便装分开的体制，有利于民族服饰的传承，主要体现在黔东南的民族服饰的变迁中（图8-1）。由于黔东南经济相对较好，较早培养出一批本民族知识分子，他们意识到将民族服饰的民族认同性与实用性分开来适应社会的发展，用简化的便装形式来适应新的生产生活环境，解放手工，将原来的刺绣服饰发展得更为繁杂和精致作为重大节日和礼仪的盛装，使得民族服饰较好地得到保存和发展。另一类则主要集中在经济发展较为缓慢、本族知识分子较少参与的地区，这种变迁是集体无意识的审美观的纵深发展，从而带来的整体的自觉性选择，也是集体智慧参与的结果，梭戛苗族女性服饰是这类变迁的集中体现。

图8-1　黔东南百姓的民族盛装与便装

在对梭戛苗族配饰变迁进行考察的时候，我们发现信仰因素竟也是稳定服饰变迁的一个重要因素。梭戛苗族的颈饰分为两种，一种是纯装饰性的，另外一种则主要是作为护身符存在的。有趣的是，我们发现其纯装饰性的颈饰在梭戛生态博物馆开放以来的10年间不停地发展变化，从最初的几个铜项圈变成了加包塑料纸的款式，再到包绣片的款式，而作为辟邪护体的项圈则一直是藤条和带牌的铜项圈，近10年来款式和材质没有发生一点变化。分析起来，虽然此地的经济有了一定的发展，然而环境依然比较艰苦，在与疾病和天灾斗争中处于相对弱势的妇女和儿童依然需要带有巫术性质的项圈带给自己和家人心灵的安宁。

第二种民族服饰的演变是主体自动放弃主动权。在田野调查中我们可以看到，梭戛苗族男性服饰除却保留青年民族服饰传统外，其余基本消失。而周围彝族以及布依族、穿青人等少数民族的传统服饰都基本已消失。国内目前有大量的少数民族服饰现状属于第二种情况，即弱势民族在经济基础较为薄弱，生活方式相对比较原始的情况下，与经济较发达、生活质量较高的民族文化长期地持续互动，全面地接触后，其结果是民族服饰拥有者自卑地放弃主动权，较为被动地全面接受强势民族服饰装扮，使得原有文化体系发生大规模变迁，传统民族服饰基本消亡。这种演变与第一种较为复杂的审美曲线不同的是，第二种演变实际上体现的是纯粹的两种生产方式的斗争，在生产力上处于劣势的民族服饰很可能走向消亡。

此外，除了这两种服饰演变方式之外还有一种，就是强制演变。也就是掌握国家权力的统治阶层从上到下进行强制的改变。实际上，历史上大多数民族服饰的演变乃至消失与武力是没有直接关系的，然而，个别统治阶级为了达到巩固统治的目的，过度夸大民族服饰背后的民族认同性以及文化的象征性，不惜使用武力对民族服饰进行干预。例如清朝"改土归流"时候规定的所有男子需剃发易装，"留发不留头"要求"男从女不从"，在如此强硬的手段下，苗族以及其他民族的男子都被迫进行服饰装扮上的改变（图8-2）。

图8-2　梭戛苗族老年男性服饰

第二节　民族服饰发展的一般规律

　　美国学者本尼迪克特·安德森就提出民族是一个"想象的共同体"[①]。民族是一个历史范畴，有其产生、形成、发展、变化和消亡的规律。作为一个民族的服饰也同样如此。如果当民族服饰的标示性、传承性及认同性都不再存在社会意义的时候，那么这个民族服饰就会消失。不过任何作为一定时期一个民族通行的装扮并且逐渐演化为一种象征的民族服饰的消失

---

① ［美］本尼迪克特·安德森：《想象的共同体：民族主义的起源与散布》，吴叡人译，上海人民出版社2003年版。

是有一个过程的，并不是说一下子就消失了。因为任何民族服饰的形成是在一切历史变化中人们所进行的主动选择，但是，一旦这种选择经过保存而得了独立性，就会顽强地存在，并不会因为人们主观意志的变化而在瞬间转换或是消失。通过对比众多民族服饰的不同分期，我们可以得到一个民族服饰消亡的流变过程图（图8-3）。

我们将民族服饰的消亡步骤分为4个阶段。

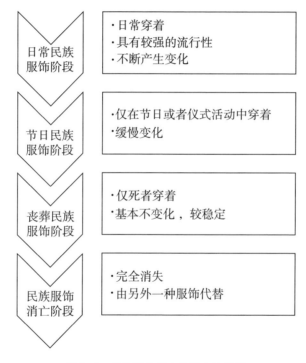

图8-3　民族服饰消亡的流变过程图

第一个阶段为日常民族服饰阶段。指的是一个民族将民族服饰作为日常服饰穿着。一些少数民族同胞过着较为简单的渔猎或者游牧生活，他们人数有限，一般过着大杂居、小聚居的生活。他们并不像我们处于复杂社会中，有着各种职业，各种职业又需要穿不同的衣服，例如护士服、警察服、法官服等，各种身份的角色都有可以识别的服装。在一些少数民族社会中，分工较为简单，且由于在多民族地区，服饰作为主要识别族群之间的视觉标记，所以成员在各种情况下的服饰差别较小。在较长的历史时期内，民族服饰都作为所有成员的日常服装穿着。作为日常服饰的民族服饰有个显著的特点：流行速度快，流行本身是带有时段性的，追求美是人的本性，追求时髦也是人们在温饱后高一个层次的精神需要。也就是说，作为日常服饰的民族服饰一般都具有很强的流行性，在每个新的历史时期都会有新的变化。由于民族服饰有个本质属性就是民族标示性，所以以民族服饰在形制不变的情况下，可以从服装布料上、配件的款式上进行创新式改变。

第二个阶段为节日民族服饰阶段。指的是民族服饰已经不作为日常服饰穿着，但是每个成员至少都有一套作为重大仪式或者节日时候穿着的礼服，例如：现在日本的和服、韩国的韩服都处于节日服饰时期。这些国家在进入工业社会后，生活方式乃至服饰向西方学习，但是在传统节日以及结婚等仪俗中，将自己民族服饰拿出来作为固定穿着。

一般来说，由于各个地区的生产力的发展阶段并不是平衡的，在人数相对较少的民族与外界文化相交流的时候，有的处于农业社会的少数民族社会接触到的是当地的工业社会，有的个别地区直接与后工业社会的文化相碰撞，例如在贵州六枝梭戛生态博物馆，大量访客的流入使得当地居民直接接触到生活在后工业社会的人们的一些社会文化信息。在两种文化的接触中，生产力较为落后的民族会向生产力较发达的民族或地区学习。经济落后地区的社会成员会向往经济发达地区的社会生产与生活方式。在稳定的现代社会生活中，民族服饰不再成为日常的需要，融入主流社会的民族成员会根据新的社会角色进行服装改扮，成为警察的要换上警服，成为工人的要换上工作服，护士要穿护士服。由于成为节日服饰的民族服饰平时是不穿的，追求时髦的心理普遍反映在其对日常服装的要求上，所以对于仅仅在节日以及重大场合偶尔穿着的民族服饰来说，民族服饰变化的速度放慢，无论布料还是配饰都不产生明显变化。总之，这个时期的民族服饰成为一种仪式化服饰，朝着制作精良方向发展。

就现代的世界而言，通信时代到来，交通的迅猛发展，使得地球越来越像个"村庄"。大家生活方式趋同，传统农业社会都在向工业社会乃至后工业社会转变，不再像以前具有多种生活方式，相同的生活方式使得服饰发生趋同。工业社会的分工模式以及各种行业角色都有相应的服饰规定。单一的民族服饰必然为这个世界所淘汰，但是这并不是意味着所有的民族服饰都不具备存在的空间。在日本、韩国、苏格兰、泰国、印度等国家都有较为成功的例子。即人在工作状态中，需要服从行业角色的服饰规定，但是非工作状态的服饰则可以较为自由，可以穿着民族服饰。这个阶段其实是当前社会中民族服饰存在的最好基础，作为保护民族服饰文化遗产的方向来说，我们应将其保护在这个阶段。

第三个阶段是丧葬民族服饰阶段。丧葬服饰主要指的殓服，又有人称之为老衣，也是人在一生最后阶段的服饰。丧葬服饰时期指的是在日常生活中不再穿着民族服饰，在重大节日以及仪式上也不再穿着民族服饰，在人的一生中，只有死去的时候才将以前作为自己民族标志的服饰穿着起来。也就是说，一个人一生就穿一次。人在死亡前会有很强的归属感，死的时候穿着的服饰是表达归属感及认同感的重要方式。众所周知，英国著名心理学家马斯洛于1943年提出了需要层次论，把人的需要分为五个层次，第一层次是人的生理需要，是正常人所共同具有的，是其他各层次需要的基础；第二层次是安全的需要；第三层次是爱与归属感的需要；第四层次是尊重的需要，包括别人对自己的尊重和自我尊重；第五个层次，也就是最高层次，是自我实现的需要，包括个人才能、愿望、成就的发扬和实现。人们的需要，总是由低层次向高层次不断发展的，可以说归属感是人类维持生存基础上的一种内心的需要。这种归属感在丧葬仪式中以祖先崇拜的方式得到充分体现。《礼记》上曾说"万物本乎天，人本乎祖"，汉民族千百年流传到今天的祭祖以及寿衣制度其实都是祖先崇拜的一种仪式化体现，祖先崇拜并不是氏族社会独有的产物。一方面人们对祖先怀有尊敬、怀念，作为活人对亡人的一种独特感情的存在，希望他们仍然在另外一个世界，灵魂不灭，永远地保佑自己以及后代的安康，这是从个人感情角度来说；另一方面祖先崇拜加强了一个家族或者有血缘关系的群体的认同感。每个民族成员会幻想死后去与历代祖先团聚，在衣着上尽量求同，忌讳改变。处于丧葬服饰时期的民族服饰变化的特征是非常稳定的，从布料到配饰都尽量保持上一个历史时期服饰的原貌。纵观中国服饰发展史，也可以清晰地看到这个阶段的特征。在一个新的朝代建立的时候，统治者颁布新的服饰准则，而民间的丧葬服饰总是由上一个朝代的日常服饰演变而来。即使是清代用暴力手段强迫百姓剃发改装，到最后也不得不妥协为"阳从阴不从"，也就是说活着的人必须改装，死了的人可以穿着前代服饰下葬，给不肯改衣冠的人们一个死后追寻祖先的道路。

这个时期是民族服饰走向灭亡的前兆，如果大多数民族成员在死亡的时候都不对民族服饰在情感上有所眷恋的话，意味着这支民族的集体认同心理以及归属心理的淡化到一定程度，这个民族也离消亡并不远矣。

最后一个阶段就是民族服饰消亡的阶段。我们在前文中提到过，民族是一个历史范畴，民族服饰同样也是一个历史范畴。在一个民族成员的心灵深处，对于本民族文化不再具备民族认同感与归属感的时候，那么对于民族服饰的心理需求基础就瓦解了。文化丧失的最严重后果莫过于一个民族的消失。

一般来说，在文化交流过程中，民族服饰的消亡是按照这四个阶段一步步进行演化的。不过在外制强力的作用下，也可能会跳跃式变化。例如在清代时期，众多民族服饰直接由日常服饰阶段演变为丧葬服饰阶段，而未经历节日服饰阶段。

要保护现有的文化遗产就需要对于已经消亡以及正在消亡的文化遗产进行分析，研究它们消亡的步骤以及一般规律。我们可以据此判断现存的文化遗产处在哪个状态中，提出针对性的保护建议。

第三节　从苗族服饰文化遗产调查中受到的启发

苗族服饰发生变迁其实是与异文化交流融合的必然结果，变迁程度的不同取决于客观生产力状况以及主观意识形态和审美价值观等上层建筑方面的多重因素。在以往农业文明时期，交通远远不及现在发达，苗族为了逃离统治的政治迫害和社会不稳定等状况，长期居住在与世隔绝的偏远山区深林里，他们的服饰保持相对稳定的状态，变迁主要为自觉地变迁，这种民族服饰变迁的主要原因并不是由文化交流融合造成的。而现在的情况远远不同，铁路、公路以及空中航线加强了地方民族文化与异文化接触和交流，苗族服饰的变迁是地方民族文化在全球化下产生变迁的集中代表，我们需要思考的是，在全球化的冲击和双重影响下，作为地方性文化的某一个民族文化如何能在全球化中既继承自己传统，又吸收其他文化的合理因素，使自己以独特方式屹立世界民族之林呢？一个民族，需要依靠自己的文化意识的觉醒和文化身份认同的强化，维护自己文化的生存、传承与发展。传统文化是活态的，不是僵死的，就好像吉登斯所说的"传统可能完全以一种非传统的方式而受到保护，而且这种非传统的方式可能就是它的未来"①。

一、传承主体的自觉传承才是文化遗产保护的主导方向

活态的文化遗产由个体生产并传承，而个体的生命活动是一种自觉的、有目的的意识活动，因而它的基本特性决定文化遗产的人文性、动态性和现实性。同时，个体的生命作为一种现实存在，也使关注人的现实生

---

① ［英］安东尼·吉登斯：《失控的世界——全球化如何重塑我们的生活》，周云红译，江西人民出版社2001年版，第42页。

活成为考察传统的逻辑起点，更是我们理解文化遗产的重要途径和手段。在保护文化遗产的过程中，外来力量的强制保护，最后保护下来的只能是无生命的僵死的物质形式，而费老提出的"文化自觉"真正符合传统文化健康发展的规律。文化自觉就是民族成员要对本民族文化有"自知之明"，明白它的来历、形成的过程、所具有的特色和它的发展趋向。其意义在于生活在一定文化中的人对其文化有"自知之明"，明白它的来历、形成的过程，所具有的特色和它的发展的趋向，自知之明是为了加强对文化转型的自主能力，取得决定适应新环境、新时代文化选择的自主地位。[1] 也就是说，只有传承主体、客观地看待自己与外界文化，他们才能够进行选择性的传承，使得自己的文化以正常的方式进行转型。提高对传承主体在文化传承中地位的尊重，才能真正唤醒其文化自觉的潜能，使其文化的发展更符合自身的规律，而不是被发展；同时，政府力量、学者力量乃至主流社会中的文化保护组织都需要积极发挥自己的辅助力量，而不是成为掌控保护的主导力量。

二、发展生产力仍然是保护文化遗产的重要保障

我们在前文中分析过，服饰的被动性涵化在很大程度上是因为两种文化的生产力水平不同，生产力水平低的民族地区文化会趋同于生产力水平高的地区。只有在与异文化生产力水平较为均衡的情况下，服饰主体才能更好地进行主动性选择，使民族服饰得到正常发展，而不是被动同化。

就目前中国的具体国情而言，选择现代工业化已经成为不可逆转的历史潮流。根据哈贝马斯的说法，现代性是现代西方社会发展的文化动力，而现代化则是现代性的现实实现形式。[2] 我们之所以需要现代化，从宏观

---

① 费孝通：《我为什么主张"文化自觉"》，《北京日报》2003年8月25日。
② 丁钢主编：《历史与现实之间：中国教育传统的理论探索》，教育科学出版社2002年版，第4页。

的方面来说，是为实现国家富强和民族的振兴，对于个体而言，就是为了更好地改善和提高我们的生活和生命存在的质量。保护民族文化遗产，并不是以牺牲文化遗产的拥有者们的生活水平为代价的。我们之所以讨论现代性问题，就是为了更好地解决保护与发展的具体实施过程中的矛盾问题。西方工业化已经通过历史表明了它所具有的巨大潜力和无穷力量，同时也明显地暴露了其他内在缺陷及给人类带来的灾难。而文化现代性的合理性只能通过对已有文化传统的理性反思来重建，不能在具体的认识过程之外的先验理性中寻找它的基础。只有更好地了解了我们的文化遗产，才能更加理性、更加科学地规划我们的未来，合理构建我们自己的现代性，进而有效地提高我们的生活和生命质量。

第九章

民族服饰功能与伦理秩序的建构

服饰是人类日常生活中的重要必需品，它的发展亦是人类社会物质文明的显著标志。就服饰的起源看，人类穿戴首先为了满足御寒遮体的需要，这是服饰最主要的物理属性与基本功能。以梭戛苗族女性服饰为例，她们生活在平均海拔1750米的山顶，相对阴湿寒冷。与居住环境海拔相对较低的黔东南苗族女性服饰相比，她们多了厚厚的羊毛毡围以及羊毛毡裹腿。可以说民族服饰从款式到材料都能适应当地的气候条件与生产方式，这也是民族服饰差异性出现的主要原因之一。服饰的饰字本身就说明了服装具有装饰的功能，这则是审美的体现。人类在满足基本需求的基础上，对美有了追求，就如同普列汉诺夫认为的那样："那些为原始民族用来做装饰品的东西，最初被认为是有用的东西，或者是一种表明这种装饰品所有者拥有一些对部落有益的品质的标记，而只是后来才开始显得美丽的。使用价值是先于审美价值的。"[①] 不可否认，民族服饰首先产生于实用的目的，进而又产生于审美观赏的目的。无论是民族服饰的实用性还是

────────────────────

① ［俄］普列汉诺夫：《论艺术（没有地址的信）》，曹葆华译，生活·读书·新知三联书店1964年版，第125页。

其审美艺术性，人类都是可以通过视觉或者知觉直接感知的。不过，民族服饰还具有一个与生俱来的，并不具备人类通用性，但是具有地方性或者区域性特征的特性，就是社会性，而这个社会性则是通过其符号作用实现的。德国著名哲学家恩斯特·卡西尔曾提到符号化的思维和符号化的行为是人类生活中最富代表性的特征，并且人类文化的全部发展都依赖于这些条件。① 服饰所代表的符号功能在人类所有的符号创造中有着举足轻重的作用。针对21世纪以来，中国社会里围绕着"民族服装"所展开的多种社会与文化实践，如"唐装"的流行、"汉服"的讨论以及"汉服运动"的方兴未艾等现象，爱知大学人类学学者周星教授曾就该现象的时代背景以及人们的心理需求进行过探讨。② 这些现象的产生也正体现了人类对服饰符号的需要而进行的必然建构，而人类这种对于服饰符号的建构反过来促进了人类对社会的发展和建构。探讨民族服饰的传统功能与价值可以为我们当今社会与生活提供参考。

服饰是记录人类物质文明和精神文明的历史文化符号，而服饰的创造和传承又是以符号为媒介的。服饰符号系统是由服装的物理属性所构成，并被人所感知理解的，尽管在通常意义上，服饰符号也是一种艺术符号，然而这与西方的艺术符号有着一定意义上的区别。如苏珊·朗格在《情感与形式》中从艺术观赏者角度谈到艺术符号的意味，她认为"'理解'一个艺术品是从关于整个被表现的情感之直觉开始的。通过沉思，渐渐地对作品的复杂性有了了解，并揭示出其意"③。我们可以看到她所说的艺术符号，是通过观赏者的情感直觉，到沉思，再到揭示其意义的过程中建构起来的，这往往指的是架上艺术品，如油画。然而民族服饰符号常常不需要通

① ［德］恩斯特·卡西尔：《人论》，甘阳译，上海译文出版社1985年版，第35页。
② 周星：《新唐装、汉服与汉服运动——二十一世纪初叶中国有关"民族服装"的新动态》，《开放时代》2008年第3期。
③ ［美］苏珊·朗格：《情感与形式》，刘大基、傅志强、周发祥译，中国社会科学出版社1986年版，第339—340页。

过沉思，而是一种约定俗成的知识体系，生活在同一地域的社会人可以依据服饰的视觉符号，从而获知符号背后所暗示的各种约定俗成的知识与信息。所以地方性视觉艺术符号往往形成一个符号体系。以梭戛苗族的民族服饰个案为例，我们经过分析后发现，民族服饰符号体系主要包括身份识别、族内支系识别、家庭身份识别、记录历史符号几个部分。随着全球化的发展，这个符号体系发生了演变。

第一节　民族身份符号与民族关系

在多民族聚居区，我们发现一个常见的现象，人们常用服饰装扮特征来称呼一个族群，如梭戛苗族，由于其发髻上佩戴的长长的木质弯角而被当地其他民族称呼为长角苗。其他苗族支系，同样被根据服饰特征称为花背苗（大花苗）、歪梳苗等；再如彝族，其周边民族及汉族对彝族的称呼有黑彝、白彝、红彝等[1]；还有广西百色的壮族被称为黑衣壮[2]等，皆是基于服饰的某种特征而来。究其原因，民族服饰，作为最直接的视觉符号，可以有效作为识别民族身份信息的工具。在多民族聚集区，各个民族，长期在共同的地域中生产生活，难免会有所交集，况且有时候因为资源或者其他原因会引起争斗。在这种情况下，民族服饰称为重要的区分你我的标识。笔者在梭戛苗族考察时，听到当地的苗族老者讲起一段历史，水西（即当今贵州西北部息烽、修文二县以西，普定县以北，水城区以东，大方县以南地区）[3]当年是彝族人的地盘，当初苗家人的祖先初到水西的时

---

① 马锦卫：《彝文起源及其发展考论》，民族出版社2011年版，第3页。
② 黄桂秋编著：《壮族传统文化与现代传承》，光明日报出版社2016年版，第271页。
③ 复旦大学历史地理研究所、《中国历史地名辞典》编委会：《中国历史地名辞典》，江西教育出版社1986年版，第152页。

候，彝族人隔着水望见对岸来了许多人以为是朝廷派军队攻打自己，然而，彝族土司从这些人的衣着服饰上判断，他们是少数民族而不是官兵，于是将一众人接过河，并划拨了土地，自此苗家人就在此地安家了。不过，这种识别民族身份功能虽然在过去生活资源匮乏、战争频繁的时期有着非常重要的作用，然而在今天发生了变化。由于生产方式的改进，各种生活资料相对充足，国家安定，民族团结，并且在全球化的进程中，媒体日益发达，民族的概念也出现了变化，在这种情况下，民族不再是地方性的小概念，而成为一种全球化下的民族概念，许多民族服饰也逐渐由日常穿着转变为特殊场合的穿着。

第二节　族内支系识别标识与通婚

由于历史的原因，有的民族由于天灾或者人祸经历了多次大规模的迁徙，从而造成了分布地域广阔、居住分散的现象。随着时间的推移，散居在各地的民族支系根据当地的自然地理条件以及文化环境逐渐形成了自己独特的服饰与方言。苗族即是如此，清代流传下来的《百苗图》等就在一定程度上印证了这一点。民间传说《苗族花衣的由来》中则提到了服饰演变的具体过程：苗族刚开始西迁的时候，还都是同样的服饰装扮。然而在迁徙过程中，由于人数量太多，不利于找到合适的居住地，于是，众人议定各自带一支儿女去寻找生路，13年后再来条溪这个地方相会。然而在13年后，由于儿孙众多，服饰相同，出现了两家抢一个小孩的状况，闹出了人命。于是众人又议定每个支系各制一套服装，各饰一种花色，确保以后相聚不会再出现这种情况。去高坡生活的奶奶，为了爬坡上坎方便，就将裙子做成短的；去平地生活的就做成长裙；去不高不矮的那支奶奶则把裙子做得只齐膝盖①……现在的苗族支系的服饰已经是种类繁多，头饰发髻也各有特点，相传就是从那时候开始的。另外一个关于苗族支系服饰差异由来的传说《苗族妇女服饰差别的由来》中提到苗族姑娘榜香，生长在黔东南地区。榜香出嫁以后生产了九男七女。七个女儿陆续长大要出嫁了，榜香为她们做了七种花色不同的出嫁衣裙，并嘱咐女儿们出嫁以后，将来生儿育女，也必须按照阿婆给阿妈做的衣裙花色传下去。七个女儿出嫁以后，不忘母训，如法给女儿们制作衣裙，并代代沿袭下去。于是，就形成了各地苗族妇女衣裙的明显差异了。②以上两个苗族传说体现了三个方面的信息，首先就是各个苗族支系服饰的变化皆因地制宜；其次是各支系的服装款式源头一致，并不是完全不同，仍然存在着纵向的和横向的联系；最后就是苗族服饰各个支系不同服饰的起源可能是因为需要识别不同支系的后代。

在实地调查中我们发现苗族族内各个支系的运用服饰来进行互相识别的目的不仅是为了识别后代，更主要的目的是能否通婚。能通婚的一个重要前提是语言能够相通。我们知道，苗族经过千百年来的迁徙，各个支系互相隔绝，形成了湘西（东部）、黔东（中部）、川黔滇（西部）三大方言，在三大方言中又有7个次方言和18种土语。③苗语三大方言在语音、词汇上差别较大，语法上也有一定差异，因而各个方言之间通话十分困难④。由于贵州当地的苗族支系经常呈现大杂居、小聚居的特征，小聚居的苗族支系往往需要与周边的其他苗族支系进行通婚，然而互相毗邻的苗族支系之间并不一定语言相通、习俗相近，民族服饰的亲疏就成为他们识别与判断的标准，凡是服饰式样与纹样接近的必然分流历史较近，语言相通，而服

① 王志成、宋晓明：《苗族花衣的由来》，载潘光华编《中国苗族风情》，贵州民族出版社 1990年版，第202页。
② 张永发主编：《中国苗族服饰研究》，民族出版社2004年版，第219页。
③ 伍新福：《中国苗族通史》，贵州民族出版社1999年版，第2页。
④ 李天翼、李锦平：《论苗语三大方言在语法上的主要差异》，《贵州民族学院学报（哲学社会科学版）》2011年第4期。

饰差异较大的则语言差异较大。在田野调查中，我们将梭戛苗族服饰纹样与居住在其附近的被当地人称为弯角苗的服饰纹样做对比，发现大部分的弯角苗的服饰纹样造型与梭戛苗族的相同或者相似，例如狗耳朵纹、牙齿纹、锯齿纹、羊角纹等，在随后的调查中也证实了两个苗族支系确实有通婚的状况，同样，当我们将梭戛苗族与附近被当地人称为大花苗的服饰进行对比后，发现相似元素较少，后来经过考察证实了二者确实语言不通，且没有通婚史。这些实际案例证明了苗族服饰符号所具有的别亲疏、辨源流的功能。

第三节　民族记忆与历史记录符号

我们知道文字在人类历史上有着极其重要的作用，文字将语言从听觉符号变成了视觉符号，可以有效积累和传播历史与知识。然而很多民族由于与世隔绝，生产生活的形式相对初级，并未使用文字，这时民族服饰的记载功能尤为重要。关于苗族文字，据《宝庆府志》《城步县志》和《清代前期苗民起义档案史料》等文献记载，在乾隆四年（1739）七月的城步苗族大起义中，苗军运用了仅本民族能识别的"形似蝌蚪，似篆非篆，毫无句读可寻"的苗文印制了大量的文告、手札、书信等。在起义被"剿灭"后，乾隆皇帝特意下旨对苗文进行销毁，永禁学习[1]。新中国成立后，无论是国家还是苗族个人都有过创立苗文的尝试，然而苗族居住得过于分散，多在高山崇岭之中，多未推广大范围使用。作为无文字的苗族人，在漫长的历史迁徙和生活中，仍然希望记住自己是谁，从哪里来，于是他们把迁

---

[1]　黄强、唐冠军总主编，张伟权本卷编著：《探珠拾贝——长江流域的文字与嬗替》，长江出版社2014年版，第135页。

徙的历史、生产生活的场景编成酒令歌，或者抽象成纹样，用就地取材的蜡染画在身上，将自己迁徙的历史，自己的生产生活中的动物、植物、工具都转化为抽象的纹样穿在身上。黔东南凯里、黄平、台江、施秉等地苗族女性的披肩和褶裙裙沿的图案中，都绣着两条彩色镶边，一条代表黄河，一条代表长江，记载的是苗族南迁的路线；湖南湘西地区女性民族服饰的花带上有两条白色横带仍然代表黄河与长江；云南文山、红河地区的苗族女性裙装上同样有代表长江与黄河的彩条纹。[①] 正因为承担着记录本族历史的功能，苗族服饰的款式与纹样很少发生变化，然而这并没有束缚苗族妇女智慧的发挥，她们在尽可能的范围内将这些几何花纹进行组合、配色，在布料上进行改进，在审美上进行探索，使得服饰图案跟随时代产生微妙的变化。这些长期流传下来的特定纹饰以及特殊的服饰，也就成为一本记载苗族历史的书。这或许是无文字民族符号功能中最为特殊、最为重要的意义。

第四节　民族情感认同与象征物

杜尔干在《宗教生活的初级形式》中提到了象征物的作用：即它把社会的统一以一种具体的形式表现出来，它能使所有的人都明显地感觉到这种统一，因为这种原因，观念一旦产生，利用标志性象征物的做法就迅速得到了普及。此外，这种观念应该自发地产生于人们共同生活的环境中；因为象征物不仅仅是使社会本身具有的感情比较明显地表现出来的简便方法，它还产生这种感情，象征物本身也是社会感情的一个组成部分。[②] 如

---

① 扬鵻、王良范主编：《苗侗文坛（下册）》，贵州大学出版社2009年版，第389页。
② ［法］E.杜尔干：《宗教生活的初级形式》，林宗锦、彭守义译，中央民族大学出版社1999年版，第252—254页。

果社会感情没有象征物，那么其存在就缺少了稳定的基础。在一个族群内部，统一的服饰能在人们的心理上造成一种认同感，激发彼此的情感，并增进本民族的凝聚力，共同面对并战胜困难。民族服饰就是对增强民族认同感起到强化作用的象征物。举例来说，在梭戛苗族的服饰纹样中，无论是动物纹还是植物纹等都是从现实中抽象出来的一个物项，这个物项可以在这个群体中被还原成为整体，例如服饰上的牛眼睛纹能直接让他们联系到牛这种对于苗族非常重要的动物，继而脑中会有相关联的生产生活情境，甚至包括隆重的打嘎丧葬仪式。在丧葬仪式中，所有该支系的苗寨成员全体参加，表达对亡者的追思以及祖先的尊重。这个仪式本身具有增强民族凝聚力的作用，但这个仪式是暂时的，随着时间的推移，这种民族情感可能会淡化减弱，而梭戛苗族服饰纹样作为他们独特的符号记录工具，女性身上天天穿着带有这些能够唤醒内心情感以及信仰的动物纹样的服饰，还原并呈现了一个属于他们生活的，不同于其他民族的视觉场景，这种场景在一定意义上可以起到延续各种仪式对于增强民族感情以及凝聚力的作用。某种服饰或者某类纹样就达到了杜尔干所描述的象征物的功能：增强集体认同，并能够强化民族情感。

第五节　性别符号功能与社会角色

据考古发现与史料记载，早期的人类服饰并无性别区别，然而随着生产生活的发展，不同性别的分工，社会生活的进步，用服饰来区分性别成为普遍的现象。性别区分是大多数民族服饰的通用特征，不过也有特殊的服饰性别弱化现象，不过这种现象仅仅出现在特殊场合，如月亮山一带的苗族在过鼓藏节或其他重大节日时，男女老少都身穿以绿色蚕锦为底，五彩丝线刺绣的对襟上衣和帘裙，上衣下摆、肩绣和帘裙的每根飘带上都缀满了白色的鸡毛，俗称百鸟衣。[1]

哲学家亚蒙·波娃认为，人类用服装作为性别符号，反映了人类心灵世界中两性心理需要互补的天性，是两性之间寻找相互性的一种文化形式。由社会文化期待建构的两性着装规范，在传统社会有严格的要求，因为服装被视为维系社会架构的一项重要条件。[2] 从服饰形式上来说，民族服饰的性别区别主要是因为社会分工，后来逐渐发展成一种对于男女社会角色的自我认同与区分。由于生理的差异，"女主内，男主外"成为最常见的家庭模式，女性负责照顾家庭，生儿育女，纺线织布，男性则负责强度较大的劳动，如耕种田地，捕杀猎物等。反映在服饰上就是男性穿着简洁方便的裤装较多，而女性的裙装较多。如梭戛苗族男性的传统服饰是宽腿裤，而女性则是层层叠叠的百褶裙。

服饰上对性别的区分也反映了人类社会对于性别角色的诸多定位观念。以梭戛苗族为例，在实地考察中我们发现，青年男性上衣口袋的刺绣纹样多为老虎爪造型，预示着男性威武勇猛的形象，而在女性服饰中，最常见的一类则是花的纹样，例如粉红色的弯瓜花经常出现在少女的蜡染服饰上，在靛蓝中点亮明艳的色彩，寓意是少女如花一样美丽。男性与女性服饰不能互换，有着各自的形制与装饰纹样，分别体现了该民族对于男女不同性别角色的定位和希望。

第六节　过渡仪式与社会伦理秩序

前文提到，人的一生要经历出生、成长、结婚、生育、衰老，再到

---

[1] 瞿明安、何明主编，杨源、贺琛编著：《中国西部民族文化通志·服饰卷》，云南人民出版社2014年版，第375页。

[2] 转引自叶立诚《服饰美学》，中国纺织出版社2001年版，第111页。

死亡的过程。在这个过程中，每个人会因为生命的进程而转换角色，这种角色的转换是需要外界社会与个体内在世界同时进行的。这些临界点需要仪式的举行，从而辅助个体以及社会人一起完成这个人生角色的过渡与转换。公认的人生四大仪礼有：诞生仪礼、成年仪礼、婚姻仪礼和丧葬仪礼。尽管仪式习俗各不相同，但几乎所有的民族服饰对人生的这四个节点或者分期有所标记。以成人礼来说，仪式的举行就意味着青年男女已经长大成人，可以进行大人的活动了，最主要的一个目的是告诉他们可以开始挑选喜欢的伴侣，并承担起种族繁衍的任务。普列汉诺夫在《论艺术（没有地址的信）》一书中也提到："在原始氏族中间存在着一定两性间相互关系的复杂的规矩。要是破坏了这些规矩，就要进行严格的追究。如为了避免婚配的错误，就在达到性成熟时期的人的皮肤上做一定的记号。"[1] 服饰是人的第二皮肤，在服饰上做记号是非常直观简便的一种方式。本民族的青年男女可以根据服饰判断该男性或者女性是否在进行婚配的时间节点，太小，或者已经生育过的男性、女性都是排除在外的。以梭戛苗族为例，女童与男童是不能进行真正意义上的婚恋行为的，只有当他们在新一年的婚恋习俗——走寨的时候穿上母亲与姐妹准备的成人衣物，才能去参加真正的婚恋活动。就女童来说，尽管服装款式与成人非常接近，然而她们没有标示性的羊毛毡围以及羊毛毡裹腿，而就男童来说，他们的服饰则从简单的对襟过渡到了复杂的全套带刺绣围裙的民族装饰。也就是说他们用服饰标示了具体的婚恋行为，用相关的服饰禁忌，构建了伦理以及秩序。

---

① ［俄］普列汉诺夫：《论艺术（没有地址的信）》，曹葆华译，生活·读书·新知三联书店1964年版，第115页。

第七节　服装配饰与巫术疗愈

在梭戛苗族的服饰中，我们看到很多的配件艺术品，如鲜艳的手帕、夸张的发饰、独特的包袋、精美的鞋饰以及形形色色的手套、项圈等。它们的造型、用材、图案、色彩，无一不是随着社会的发展而进一步形成并演进的。它们有着时代、地域、政治、宗教、经济、文化等多方面留下的印记。正是这些必不可少的条件构成了服饰配饰这一特定的服饰文化中一个重要的组成部分。大多数的梭戛苗族配饰都是以实用性、社会性以及装饰性为主的，其中颈饰是比较特殊的一类，它集驱鬼避邪、装饰审美、婚恋工具等功能为一体。

一、以辟邪为目的的女性颈饰

梭戛苗族女性颈饰主要分为女童服饰与成年女性颈饰。在艰苦的自然环境中，妇女与儿童是弱势群体，他们都比较容易受到外部以及疾病的威胁，所以梭戛苗族女性的颈饰的其中的一个主要功能是带有巫术心理疗愈性质的。

梭戛苗族女童佩戴的传统颈饰主要有两种，一种是藤条制成的项圈（图9-1），第二种是铜制带铜牌的项圈（图9-2），这两种颈饰都是以避邪为主要目的。一般的梭戛苗族女童的脖子上是没有什么饰物的，但是经常得病的或者经常哭闹的孩子就不一样了，其父母必须去找"鬼师"来看，如果"鬼师"看了后说孩子是属牛或者属马的则需要给孩子戴上藤项圈，这个藤项圈一般是找舅舅来编制，但是如果"鬼师"看了说这个孩子前世不属于这个父母，则需要找个干爹给编藤项圈才可保住性命。如果孩子前世是哪家的，就去找哪个姓的认干爹。如果孩子是属虎属狗的则需要戴铜制的并有铜牌的项圈。孩子究竟需要佩戴哪一种项圈都非常有讲究。"鬼师"给我们讲述他们的旧习俗："属牛的也要分白天的牛与晚上的牛，白天的牛要戴，因为白天的牛要上坡，容易出事，晚上的牛不用戴，因为晚上的牛要睡觉。属马的也是这样，白天的马要戴，晚上的不用戴。属猫（属虎）的戴铜牌可以用铜牌拴起来，跑不了。猫还分白天的猫和晚上的猫，白天的猫不戴，因为白天的猫睡觉不出门，但是晚上的猫一定得戴，晚上的猫经常跑出去，所以一定得用铜牌拴起来。属狗的也是分野狗与家狗，属野狗的要戴铜牌，属家狗的不用戴。"藤项圈、铜项圈以及红布条一旦戴上就会陪伴梭戛苗族儿童的整个童年，在进入成人以后，一般都会摘掉。藤条并不结实，经常没过几年就会坏掉，如果孩子经常闹病，就必须再编一个戴着。

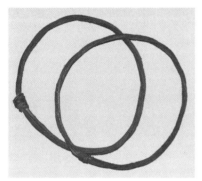

图9-1　藤项圈　　　　　　　　图9-2　"青春快乐"字样的铜项圈

　　梭戛苗族成年女性的主要颈饰有三种，一种是铜制带铜牌的项圈（同女童的铜项圈），一种铜制不带铜牌的项圈，还有一种是前文提到过的刺绣手帕包铜项圈。第一种项圈的佩戴目的与给女童佩戴颈饰的目的非常相似，身体总是生病的女性就要去找"鬼师"，如果"鬼师"认为其命属牛或者属马就要戴藤编的项圈来"保命"，属猫属狗的要戴铜牌来"保命"。在梭戛苗族的观念中，成年后的女性生病是因为"患者前世的同伴来索命去阴间做伴"，只有"戴上藤条项圈或者带牌的铜项圈（图9-3）才可以保住自己不受伤害"。铜项圈作为一种装饰是传统服饰中重要的组成部分（图9-4）。

图9-3　铜项圈　　　　　　　　图9-4　"时时进财"字样的项圈

第一种有巫术性质的项圈这许多年来没有发生任何变化，寨子里仍然有爱生病的女性戴着铜牌项圈，不过纯装饰性项圈在适婚青年女性的颈上在近几十年来不断发生着变化。20世纪五六十年代的时候，她们的脖子上一般最少要戴六七个铜项圈。在70年代初的时候，少女们开始流行将几个铜项圈用花手帕包起来戴上，认为这样既可以固定项圈又十分美观。在70年代末至80年代期间，集市上的商品逐渐丰富了，新出现的花花绿绿的包装饼干的塑料袋吸引了梭戛苗族女孩们的目光，用装饼干的塑料袋包裹铜项圈成为时尚，这种样式与手帕包铜项圈在这个时期并存。从90年代末至今，刺绣手帕包铜项圈成为主流。每个铜项圈都用红色毛线缠绕起来，将4—5个缠好后的铜项圈用透明胶带固定起来，项圈的前部分再用一块长约17厘米、宽约7厘米的绣片包裹起来。一般来说，这些装饰性很强的项圈只是姑娘以及刚结婚的妇女佩戴，生育后的梭戛苗族妇女就不再佩戴此类项圈，改为佩戴单个铜项圈。

分析梭戛苗族女性项圈近几十年的变化我们可以总结出一点。以纯装饰为目的的颈饰变化比较大，而具有巫术性质与装饰性为一体的颈饰基本不发生变化，稳定性很好。历史上，梭戛苗族长期以来生活在高山箐林中，每天都是希望与恐惧并存，生老病死与旦夕祸福同步，而且，除了巫师外，并没有其他的医疗方式，即使在现代，很多梭戛苗人由于经济原因以及传统思想，仍然时常采用这种方法来表达对超人间力量的祈求，来与灾祸以及疾病进行抗争，很少去医院就诊。这就像马林诺夫斯基提到的："凡是有偶然性的地方，凡是希望与恐惧之间的情感作用范围很广的地方，我们就看得到巫术。凡是使用一定、可靠，且为理智的方法和技术的过程所支配的地方，我们就见不到巫术。危险大的地方就有巫术，绝对安全的没有任何征兆的余地的地方就没有巫术。"[1]法国学者沙利·安什林认为，"巫术这是许多行为的总和，它起源于世界的同样的重复，并表明对联想或模拟的能动性的信仰"[2]，也就是说，巫术是施巫者认为凭借自己的力量，利用直接或间接的方式与方法，可影响、控制客观事物和其他人的行为的巫教形式。

二、作为婚恋工具的男性颈饰

梭戛苗族男童的颈饰与女性的功能相对接近，不过，对于男童来说，以审美为目的的颈饰并不多见，这些颈饰主要是带有巫术性质，以帮助男童克服成长中所遇到的各种危险为目的的，图片中的男童就戴有藤条与红绳编制而成的颈饰（图9-5）。梭戛成年男性的颈饰在近半个世纪以来发生了功能性的改变。前文提到过，在20世纪50年代以前，梭戛苗族男性颈饰与女性一样是佩戴铜项圈的。那时候的铜项圈是家庭财富的主要象征。为了显示自己家庭的富足，举行过成年礼后的梭戛苗族青年男性在跳花坡、赶场、做客的时候都要佩戴铜项圈，而且是多多益善，戴十多个也是非常正常的事情。近年来，项圈已经不再作为梭戛苗族男性传统服饰的一部分了。不过，我们仍然会在梭戛苗族的小伙子的脖子上发现项圈，此时的项圈已经完全转化为寨子里青年男女之间恋爱的媒介与道具。举行过

---

① ［英］马林诺夫斯基：《巫术科学宗教与神话》，李安宅译，中国民间文艺出版社1986年版，第60页。
② ［法］沙利·安什林：《宗教的起源》，杨永等译，生活·读书·新知三联书店1964年版，第66页。

图9-5　戴藤条与红绳的男孩

成年礼的小伙子若看到中意的姑娘，并不会直接表达自己的情感，而是去讨要姑娘的项圈佩戴。如果姑娘同意，就代表两厢情愿，这也为日后小伙子登门归还项圈、拜见女方父母提供了理由。如果两人的关系继续发展，并得到父母的认可，就可以结婚了。运用项圈作为恋爱的试探工具这一民俗事象其实揭示了该族群具有含蓄的文化性格。在我国其他少数民族的恋爱活动中也有类似的现象。如沧源佤族，当小伙子看中了某个姑娘后便伺机抢走姑娘的项圈、项链、手镯等饰品。姑娘的饰品被小伙子夺走后，过两三天不去索取的话，就表示接受了小伙子的求爱。再如广西壮族"三月三"中有一项"碰鸡蛋"的活动。游戏开始时，男女双方各握一个染红的熟蛋，相对而立，然后手握红蛋相互对碰。如果双方都中意对方，就把红蛋露出得多一点，那么双方的红蛋容易碰破，被认为两人有缘分，之后便将红蛋互赠吃掉，开始交往。如果其中有一方不愿意，即将红蛋护在手心里，不露出手掌，那双方的红蛋是不可能都被碰破的。如果只是单方面的红蛋破裂，则表示双方没有缘分。这些配饰或者物品用来表达人们羞于直接表达的内容，避免了熟人社会因拒绝产生的尴尬，维持了一个温情的社会。

综上所述，我们发现了以下三点。首先，梭戛苗族颈饰佩戴的对象发生了变化，由以前的男女都戴逐渐变为只有女性佩戴，这也与梭戛苗族男性服饰严重涵化有关，因为梭戛苗族男性平日很少穿着民族服饰了，作为民族服饰配件之一的项圈自然也被淘汰了。其次，梭戛苗族的颈饰功能发生了演变，由以前的财富象征与充当恋爱媒介、工具逐渐演变得单一化——不再充当财富的象征，仅仅作为梭戛青年男女恋爱的媒介、工具。最后，不同颈饰的类别演变的方式不同，以装饰审美为目的的颈饰一直在持续变化，而以巫术疗愈或者护佑为目的的颈饰则保持稳定的状态。服饰配件在梭戛苗族的生活中是举足轻重的，它体现了梭戛苗族对造型、色彩等审美的选择，更重要的是还体现出梭戛苗族的价值观，以及他们对于自然万物的观念。

通过分析梭戛苗族服饰，我们可以清晰地看到，梭戛苗族的服饰在承担日常的御寒、护体、遮羞、审美等功能之外，还传递着许多的文化和社会信息。我们可以从梭戛苗族的服饰没有社会阶层的差别、没有个性的差别的特点中分析出其社会关系以及社会状态；我们还可以从梭戛苗族的服饰在跳花坡、定情、婚礼和丧礼中的不同的讲究中分析出其情感与信仰。梭戛苗族的服饰在跟随社会运转，同时也成为梭戛苗族社会运转的一个媒介。梭戛苗族的传统服饰在人生的不同阶段定位了相应角色，告知梭戛苗族人的年龄和应该从事的行为，规范了作为这个简单社会中人的行为方式。服饰在梭戛苗族人的生活中是如此重要，也正因为此，服饰才成为一本反映梭戛苗族生活与文化的百科书。

经济的发展，交通的便捷，网络的普及，使得民族与民族之间的交流更加容易，民族服饰穿着的条件和状况也发生了很多变化。第一，相应的民族服饰的一些传统功能在不同的空间与全新的领域下发生了转换。通过服饰识别民族身份也不再是一个地域性的视觉符号知识，而是随着网络，随着新媒体走向世界，成为全球共享的视觉符号。可能一位来自欧洲的游客在北京见到一位身穿民族服饰的人大代表，游客就可以根据网络查询了解该代表的民族常识。第二，随着民族地区双语教育的普及，语言不再是通婚的障碍，民族服饰仍然可以作为溯本追源，辨别亲疏的符号依据，然而不再成为苗族支系是否通婚的符号依据。第三，随着义务教育的普及，中国的各个民族的新历史已经能够可以用文字记录和传播，所以民族服饰对今后本民族的记录的功能很可能会逐渐消失。第四，在全球化的今天，保护文化多样性在全球内达成共识，随着人们生活水平的提高，重新审视自己的文化，对于能够唤醒民族情感与认同的象征物——民族服饰会有重新的认识和需要。第五，性别符号功能与社会角色。能够区分性别，并彰显不同性别风采，寄予社会对于男女性别的不同期待，这既是民族服饰的功能，也是民族服饰的特征，在当代的民族服饰设计中也应体现这点。第六，服饰的各种禁忌，能够有效规范人类行为，从而建立健康的伦理以及社会秩序。例如对于已婚与未婚的区别，过去我们有着一整套的服饰规则来用视觉符号标识个体身份，从而对社会稳定发展发挥着作用，然而在西学的过程中丢掉了太多的传统与规范，又没将服饰的伦理功能补齐，如区分未婚与已婚。在工业社会中，很多服饰都是工业产品，大批量生产，作为商品当然是受众越多越好，所以在设计上很难做到对人生阶段的区分。至今在西方已婚与未婚有着严格的区别，这个符号就是戒指，已婚的男女必须佩戴戒指，显示自己已婚身份，不能继续与他人进行婚恋。在我国，衣服也同样是工业产品，而戴戒指的规矩并没有树立起来，在采访中，大多数的佩戴者仅仅是因为戒指好看，重视装饰性作用。从史料或者访谈中我们都可以得知过去我们的服饰对于人生阶段也都有着严格的区分，因为服饰符号在社会秩序的建构上是非常重要的。

综上所述，民族服饰也是一个历史范畴，伴随着人类的发展，在每个历史阶段发挥着重要的作用，有的功能可能会不再适应时代的发展而远去，而另外一些功能则能够在当前社会发挥出重要的作用，如作为增强民族自信心与自豪感的象征物，参与社会伦理秩序的建构等。民族服饰的制作者与设计者应把握民族服饰的时代功能内核，制作出顺应时代发展、传承民族智慧、发扬民族精神的服饰。

致　谢

这本书的完成，回想起来，有诸多要感谢的老师和朋友。

我要特别感谢的是方李莉研究员，是她引领我走上了艺术人类学研究之路，使我能够把自己的兴趣当成工作，这是一件非常幸福的事情。

我也非常感谢全力支持我的家人，是他们给我创造了舒适平和的生活环境，让我能够非常从容地进行自己的研究。

我还要向给予此书指点的老师与朋友们致以诚挚的谢意，刘锡诚先生曾对我的苗族服饰文化研究提出过建议，祁庆富先生在我遇到研究困难时提供了支持，好友石中琪与同门叶茹飞对我的督促和支持让这本书得以按计划出版。

不忘初心、牢记使命。我会带上所有的感激与收获，继续深挖中华文明的信仰之美、崇高之美。

安丽哲

2021年7月于北京